U0362988

# 酒　谱

（宋）窦　苹　著

严玉婷　编著

全国百佳图书出版单位

时代出版传媒股份有限公司

黄　山　书　社

**图书在版编目(CIP)数据**

酒谱／（宋）窦苹著；严玉婷编著. — 合肥：黄山书社，2015.7
（古典新读·第1辑，中国古代的生活格调）
ISBN 978-7-5461-5184-7

Ⅰ.①酒… Ⅱ.①窦…②严… Ⅲ.①酒-文化-中国-古代 ②酒-基本知识
Ⅳ.①TS971②TS262

中国版本图书馆CIP数据核字（2015）第175523号

**酒谱**
JIUPU

（宋）窦苹 著　严玉婷 编著

| | |
|---|---|
| 出 品 人 | 任耕耘 |
| 总 策 划 | 任耕耘　蒋一谈 |
| 执行策划 | 马 磊 |
| 项目总监 | 高 杨　钟 鸣 |
| 内容总监 | 毛白鸽 |
| 编辑统筹 | 张月阳　王 新 |
| 责任编辑 | 金 红 |
| 图文编辑 | 晏一群 |
| 装帧设计 | 李 娜　李 晶 |
| 图片统筹 | DuTo Time |
| 出版发行 | 时代出版传媒股份有限公司（http://www.press-mart.com）<br>黄山书社（http://www.hspress.cn） |
| 地址邮编 | 安徽省合肥市蜀山区翡翠路1118号出版传媒广场7层　230071 |
| 印 　 刷 | 安徽联众印刷有限公司 |
| 版 　 次 | 2016 年 1 月第 1 版 |
| 印 　 次 | 2016 年 1 月第 1 次印刷 |
| 开 　 本 | 710mm×875mm　1/32 |
| 字 　 数 | 148千 |
| 印 　 张 | 6.5 |
| 书 　 号 | ISBN 978-7-5461-5184-7 |
| 定 　 价 | 26.00元 |

服务热线　0551-63533706
销售热线　0551-63533761
官方直营书店（http://hsssbook.taobao.com）

前言

《酒谱》成书于宋仁宗天圣二年
（1024），在《四库全书》中被列入子
部谱录类，全书仅一卷，分为内篇和
外篇，杂取了有关酒的故事、旧例、
传闻，写成了酒之源、酒之名、酒之
事、酒之功、温克、乱德、诫失、神
异、异域酒、性味、饮器、酒令、酒之
文、酒之诗计十四题。但由于酒之诗在流
传中丢失，今存只有十三个篇目。纵
观《酒谱》全文，内容丰实，围绕
"酒"这一中心话题，以生动有趣
的语言论述了酒人、酒事和酒物，
旁征博引，多采"旧闻"，引用摘
抄的文献遍及经、史、子、集四部。
可以说，《酒谱》是对北宋以前我国
酒文化的汇集，有较高的史料价值。

关于《酒谱》的作者窦苹，因其仕途并不通达，所以在官修史书《宋史》中记载较少，现在只能通过李焘《续资治通鉴长编》、司马光《涑水纪闻》、陈振孙《直斋书录解题》等宋人著作中留下的零星记载了解。窦苹，字子野，生卒年不详，汶上（今山东汶上）人，在宋神宗时任大理寺详断官，在宋哲宗时任大理寺司直。除了《酒谱》，窦苹留下的《唐书音训》也较为有名，充分展现了其丰富的知识积累。本书通过对《酒谱》的解读，希望与读者一起探究窦苹关于酒的思想，品味我国悠久的酒文化。

内篇

《酒谱》内篇包括酒之源、酒之名、酒之事、酒之功、温克、乱德、诚失七篇，介绍了酒的起源、酒名、酒的趣事、酒的功劳，以及人们饮酒时呈现的温文有礼、行为失德和严于律己的三种不同状态。

酒之源

世言酒之所自者，其说有三。其一曰：仪狄①始作酒，与禹②同时。又曰尧③酒千钟。则酒始作于尧，非禹之世也。其二曰：《神农百草》著酒之性味④，《黄帝内经》⑤亦言酒之致病，则非始于仪狄也。其三曰：天有酒星⑥，酒之作也，其与天地并矣。

## 【注释】

①仪狄：据《吕氏春秋》、《战国策》等先秦典籍记载，为夏禹时代掌管造酒的官员。

②禹：夏部落的领袖，姒姓，名禹，黄帝轩辕氏玄孙，接替父亲鲧成功治理水患，继帝位，后改禅让制为世袭制，其子启继承帝位。

③尧：古帝陶唐氏之号，传说上古五帝之一。

④《神农百草》：指《神农本草经》，我国现存最古老的的中药学专著；著：著述，撰写。

⑤《黄帝内经》：我国现存最早的中医理论著作。

⑥酒星：此处指古星名，酒旗星。

## 【解读】

我国的酒文化历史悠久，但是关于酒的起源却扑朔迷离。本书开篇从酒的来历说起，以上古传说引出当时人们认为的三种起源说。

酿酒祖师杜康塑像（图片提供：微图）

所谓仪狄造酒之说，源自《战国策》："昔者，帝女令仪狄作酒而美，进之禹，禹饮而甘之，遂疏仪狄，绝旨酒，曰：'后世必有以酒亡其国者。'"此意是说仪狄受命将酒创造出来，味道非常好，但禹却将酒列为禁品，并且疏远了本该有功的仪狄。第二种说法则认为酒并不是仪狄所造，这主要是根据《神农本草经》、《黄帝内经》里都有关于酒的记载来推断的，说明在成书时酒已经存在。第三种为上天造酒说，把酒的由来归功于天上的酒星。酒星即"酒旗星"，由三颗星组成，也称为"酒旗三星"，最早记载于《周礼》。这三颗星亮度比较小，肉眼难以辨认，古人能够发现并将之命名为酒旗星，不能不说酒在当时的影响力之大。

除了窦苹所述的三种说法外，古人还有杜康造酒说、猿猴造酒说等。最耳熟能详的莫过于杜康造酒，历代文人习惯用杜康指代美酒，如曹操有"对酒当歌，人生几何……何以解忧，唯有杜康"，白居易有"杜康能散闷，萱草解忘忧"，可见杜康与酒的关系自古以来就深入人心。而杜康造酒的方法更具传奇色彩，传说他将剩饭放在树洞里，后来树洞飘出香味，原来剩饭发酵产生了液体，品之芳香醇美，即为酒。虽然窦苹未提及杜康，但是历来信奉杜康造酒的人不在少数，以至于千百年来，凡提及中国酒文化莫不提及杜康。

杜康酒

　　再说猿猴造酒，其缘由有三，一是猿猴爱喝酒，故东南亚、非洲及我国都有以美酒作为诱饵来捕捉猿猴的做法。二是很多典籍里记载，在猿猴出没的地方常发现有类似酒的东西。三是在江苏双沟发现的猿猴化石，经考证是猿猴饮"酒"过量醉倒在此，故名"双沟醉猿"。

　　予以谓是三者皆不足以考据，而多其赘①说也。况夫仪狄之名不见于经，而独出于《世本》②，《世本》非信书也。其言曰："昔仪狄始作酒醪③，以变五味。少康始作秫④酒。"其后赵邠卿之徒遂曰："仪狄作酒，禹饮而甘⑤之，遂绝旨酒，而疏仪狄，曰：'后世其有以酒败国者乎？'"夫禹之勤俭，固尝恶旨酒，而乐谠言⑥，附之以前所云，则赘矣。或者又曰："非仪狄也，乃杜康也。"魏武帝乐府亦曰："何以消忧，惟有杜康。"予谓杜氏系出于刘累⑦，在商为豕韦氏⑧，武王封之于杜，传国至杜伯，为宣王所诛。子孙奔晋，遂有杜为氏者。士会亦其后也。或者，康以善酿酒得名于世乎？是未可知也。谓酒始于康，果非也。"尧酒千钟"，其言本出于《孔丛子》⑨，盖委巷之说，孔文举遂征之以责曹公，固已不取矣。《本草》虽传自炎帝氏，亦有近世之物始附见者。不⑩观其辨药所生出，皆以两汉郡国名其地，则知不必皆炎帝之书也。《内经》言天地生育，五行休旺，人之寿夭系焉，信《三坟》⑪之书也。然考其文章，知卒⑫成是书者，六国秦汉之际也。故言酒不可据以为炎帝之始造也。酒三星在女御之侧，后世为天官⑬者或考焉。予谓星丽⑭乎天，虽自混元⑮之判则有之，然事作乎下而乎上，推其验于某星，此随世之变而著之也。如宦者、坟墓、弧矢、河鼓⑯，皆太古所无，而天有是星，推之可以知其类。

【注释】

①赘（zhuì）：累赘的，多余的。

②《世本》：又作世或世系，传说为先秦时期史官修撰，记载着上

古帝王、诸侯和卿大夫家族的名氏、世系、居地等。

③醪（láo）：浊酒，即汁滓混合的酒，也泛指各种酒。

④秫（shú）：具有黏性的高粱。

⑤甘：认为……甘美。

⑥谠言：正直的言论。

⑦刘累：传说中上古帝王陶唐氏尧的后裔，据史料记载生活在夏代
孔甲年间。

⑧豕（shǐ）韦氏：古代部落名，被商汤所灭。

⑨《孔丛子》：共三卷二十一篇，该书叙述的是孔子及子思、子上、
子高、子顺、子鱼等人的言行，但其书真伪一直是学术界的疑案。

⑩不：通"丕"（pī），〈连词〉乃，于是。

⑪《三坟》：与《五典》同为我国最古老的书籍，《尚书序》记载：
"伏羲、神农、黄帝之书，谓之《三坟》，言大道也。"

⑫卒：最终。

⑬天官：也叫"天文"、"星官"，即星象。

⑭丽：附着。

⑮混元：开天辟地之时。

⑯宦者、坟墓、弧矢、河鼓：均指古星名。


## 【解读】

《酒谱》是一本综合论述酒事的酒文化著作，但又不仅仅是
对酒文化的平铺直叙，书中更多的是作者窦苹关于酒文化的独到见
解。开篇在叙述了世间流传的三种造酒的说法后，窦苹明确表明了
自己的观点，认为这三种说法都经不起考证。在没有考古学、科技
也不发达的古时，人们将许多现象都与传说、天神联系在一起，而
窦苹敢于质疑的态度以及旁征博引、引经据典的行文风格，则让人
眼前一亮。

关于仪狄造酒说，窦苹认为仪狄最早出现于先秦文献《世本》
中，但《世本》原书至南宋末年全部丢失，现存本是后世之人根据
其他书所引的内容进行辑补而得，因此仪狄这个人物是否存在以及
存在的时期都不得而知。再者，酿酒是一件程序及工艺都很复杂的

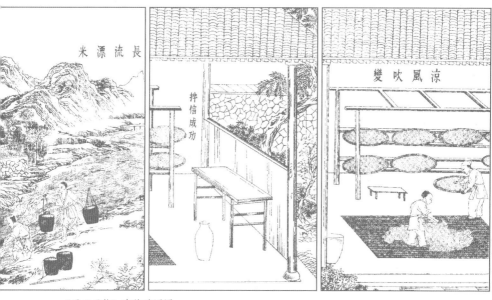

《天工开物》中的酿酒图

事，单凭一人之力创造出酒，尤其是在物质相对匮乏的时代，可能性也比较小。

　　关于杜康造酒说和杜康其人有五种说法。杜康到底是谁不得而知，但是他确实与秫酒的酿造有关，因此被后人奉为酒祖、酒圣和酒神。苏轼词中也有对杜康的记载："从今东坡室，不立杜康祀。"可见，杜康对酒的酿造确有贡献，但也不能明确说明酒就是由他创造的。

　　《神农本草经》和《黄帝内经》中有关于酒的记载，只能说明那时酒已经存在，并不能否定在此之前就没有酒。而关于酒是上天所造这种说法，也只能当成传说听听而已。

然则，酒果①谁始乎？予谓智者作之，天下后世循之而莫能废。圣人不绝人之所同好，用于郊庙享燕②，以为礼之常，亦安知其始于谁乎！古者食饮必祭先，酒亦未尝言所祭者为谁，兹可见矣。《夏书》③述大禹之戒酒辞，曰："酣④酒嗜味。"《孟子》曰："禹恶⑤旨酒，而好善言。"《夏书》所记，当时之事；孟子所言，追道⑥在昔之事。圣贤之书可信者，无先于此。虽然，酒未必于此始造也。若断以必然之论，则诞谩而无以取信于世矣。

**【注释】**

①果：究竟，终于，到底。
②郊庙：古代天子祭天地与祖先；燕：通"宴"。
③《夏书》：《尚书》中的篇目，以夏代君臣谈话记录为主。
④酣：酒喝得很畅快。
⑤恶：厌恶。
⑥追道：犹追述。

**【解读】**

从上古传说到街巷流闻，窦苹列举了许多世人关于酒由谁创造的猜想，诱导读者思考他所提出的问题，然而最后并没有给出肯定的结论。作者在排除掉他所认知的说法后，给人们留下了一个悬念。

砖雕壁画《猿猴造酒》

　　关于酒的真正起源，在现代科学的考证下，最早的天然酒可追溯到果酒和奶酒。含有糖分的水果，经长时间堆积，表皮上附有的酵母会发酵成酒，这可以解释猿猴酿酒说。可能是猿猴们的水果储存富余，时间一长，在适当的外界条件下自然发酵，产生了带有类似酒香的液体，现在最典型的果酒当属葡萄酒。奶酒来自于动物乳汁，乳汁中含有乳糖，经酵母发酵成为奶酒。人工酿酒则最早起源于谷物酿酒，科学研究推测，谷物酿酒应在农业发达后，有粮食剩余时产生。1979年，我国首次在大汶口文化（距今约4000—6000年）遗址出土了一组成套的酿酒器具，提供了比较准确的证据以判断我国酿酒的起源年代。

　　酒问世以来，在文明社会里占有不可或缺的地位。从夏到商中晚期，我国迎来了第一个饮酒高峰期。商朝因纣王嗜酒，酿酒业发展相当迅速。周灭商后，酒不再是统治阶级的专享物，普及

传统酒库

到了中上层的平民中间，特别是商人的饮酒形态可谓癫狂，每次
有大型活动，必有美酒登场。商周之后，酒业发展的一个重要阶
段是魏晋南北朝，这一时期酒业非常成熟，酿造工艺有所进步，品
种大量增多，酒的药用价值也得到了重视。同时，魏晋文人的饮
酒风尚在历史上可谓罕见，文章几乎不离"酒"字。从《酒谱》
后文也能看到，窦苹所写的酒人酒事多偏重于这一时期。

酒之名

《春秋运斗枢》①曰："酒之言乳也，所以柔身扶老也。"许慎《说文》云："酒，就也，所以就人性之善恶也。一曰造也，吉凶所造起。"《释名》②曰："酒，酉也。酿之米曲③，酉绎④而成也，其味美。亦言踧踖⑤也，能否皆强相踧持也。"予谓古之所以名是物，以声相命，取别而已，犹今方言在在各殊，形之于文，则其字日滋⑥，未必皆有意谓也。举吴楚之音而语于齐人，不能知者十有八九。妄者欲探古名物造声之意，以示博闻，则予笑之矣。

《说文》曰：酴⑦，酒母也。醴⑧，一宿酒也。醪⑨，滓汁酒也。酎⑩，三重酒也。醨⑪，薄酒也。酤⑫，旨酒也。昔人谓酒为欢伯，其义见《易林》⑬。盖其可爱，无贵贱、贤不肖、华夏戎夷，共甘而乐之，故其称谓亦广。

造作谓之酿，亦曰酝。卖曰沽，当肆者曰垆⑭。酿之再者曰酘⑮，漉酒曰醑⑯，酒之清者曰醲⑰，白酒曰醛⑱，厚酒曰醹⑲，甚白曰酸⑳。相饮曰配，相强曰浮，饮尽曰釂㉑，使酒曰酗，甚乱曰酱㉒。饮而面赤曰酡㉓，病酒曰酲㉔。主人进酒于客曰酬，客酌主人曰酢㉕，酌而无酬酢曰醮㉖。合钱共饮曰醵㉗，赐民共饮曰酺㉘，不醉而怒曰嚻㉙，美酒曰酥㉚。其言广博，不可殚举。

**【注释】**

①《春秋运斗枢》：汉代纬书，是宋太平兴国年间（976—983）由李昉等辑成的类书《太平御览》中的一部分。

②《释名》：我国第一部以音解释事物命名缘由的专用书籍，东汉刘熙撰。

③米曲：米制的酒母。

④酉绎：酿造精熟的酒。

⑤踧踖（cù jí）：恭敬而不安的样子；徘徊不进貌。

⑥滋：增益，加多。

⑦酴（tú）：酒母，酒曲。

⑧醴（lǐ）：甜酒。

⑨醪（láo）：汁滓混合的酒。

⑩酎（zhòu）：经过两次以至多次复酿的醇酒。

⑪醨（lí）：味不浓烈的酒。

⑫醑（xǔ）：美酒。

⑬《易林》：又名《焦氏易林》，源自《周易》，西汉焦延寿撰。

⑭垆（lú）：酒店里安放酒瓮的土台子，借指酒店。

⑮酦（pō）：再酿酒。

⑯釃（shī）：滤酒。

⑰醥（piǎo）：清酒。

⑱醝（cuō）：白酒。

⑲醹（rú）：味道醇厚的酒。

⑳醙（sōu）：味道特别淡的酒，白酒。

㉑釂（jiào）：饮酒干杯。

㉒醟（yòng）：酗酒。

㉓酡（tuó）：饮酒后脸色变红，将醉。

㉔酲（chéng）：喝醉了神志不清。

㉕酢（zuò）：客人用酒回敬主人。

㉖醮（jiào）：冠礼、婚礼所行的一种简单仪式。尊者对卑者酌酒，
卑者接受敬酒后饮尽，不需回敬。

㉗醵（jù）：凑钱喝酒。

㉘酺（pú）：欢聚饮酒。

㉙奰（bì）：怒而作气的样子。

㉚醁（lù）：美酒。

## 【解读】

我国历史上关于酒的称呼、词汇很多，令人目不暇接。如陶渊明
有"引壶觞以自酌，眄庭柯以怡颜"，白居易有"更怜家酝迎春熟，
一瓮醍醐迎我归"，此处的"壶觞"、"醍醐"均指美酒。这些风趣的
雅号不仅出自典故，也根据酒的味道、功能及酿造方法而定，如"欢
伯"就取酒能消忧解愁、带来欢乐之意。

在《酒谱》中，造酒称为"酿"，卖酒称为"沽"，卖酒的店称为
"垆"。经两次酿造的酒称为"酦"，滤酒为"釃"，清酒为"醥"，
白酒为"醝"，味道醇厚的酒为"醹"，色特别白的酒为"醙"，可
谓举不胜举。

除了《酒谱》中提到的各种称呼外，翻阅史籍，随处可见酒的
别名，有能使人忘却忧愁、远离世情的"忘忧物"，有助诗兴、启
发灵感的"钓诗钩"，有因酒色如金而得名的"金波"，也有因饮

砖雕壁画《曲水流觞》

酒后常使人无德、无礼而被称为"狂药"。还有一些更有意思的称
呼,如"曲秀才",来源于《开天传信记》。相传,唐代道士叶法善
与一群官员相聚喝酒,一少年自称曲秀才,高谈阔论,站起后如风
旋转,叶法善以为他是妖孽,以小剑刺之,曲秀才遂化为美酒。总
之,在源远流长的酒文化中,酒名也是一大特色,酒的繁多品种、
独特品质在酒名上多有体现。

《周官》①:酒人掌酒政令,辨五齐三酒之名,
一曰泛齐,二曰醴齐,三曰盎②齐,四曰醍③齐,
五曰沉齐。一曰事酒,二曰昔酒,三曰清酒。此盖
当时厚薄之差,而经无其说,传、注悉度而解之,
未必得其真,故曰酒之言也略。《西京杂记》④有"漂

玉酒"，而不著其说。枚乘⑤赋云："尊盈漂玉之酒，爵献金浆之醪。"云"梁人作薯蔗酒，名金浆"，不释漂玉之义。然此赋亦非乘之辞，后人假附之耳。《舆地志》⑥云："村人取若下水以酿，而极美，故世传若下酒。"张协作《七命》⑦云："荆州乌程，豫章竹叶。"乌程于九州属扬州，而言荆州，未详。西汉尤重上尊酒，以赐近臣。注云："糯米为上尊⑧，稷为中尊，粟为下尊。"颜籀⑨曰："此说非是。酒以醇醴，乃分上中下之名，非因米也。稷粟同物而分为二，大谬矣。"《抱朴子》⑩所谓玄鬯⑪者，醇酒也。

**【注释】**

① 《周官》：又称《周礼》，传为周公所作，是一本记载政治制度与百官职守的书籍。

② 盎（àng）：浊酒的省称。

③ 醍（tǐ）：红酒。

④ 《西京杂记》：古小说集，记述西汉逸闻轶事、时尚风习、奇人绝技，传为东晋葛洪著，又有称汉代刘歆作。

⑤ 枚乘：西汉时期著名文学家，代表作为《七发》。

⑥ 《舆地志》：南朝梁代人顾野王所编的一部地理书。

⑦ 《七命》：西晋文学家张协的代表作之一。

⑧ 上尊：上等酒；中尊、下尊指中等、下等酒。

⑨ 颜籀（zhòu）：颜师古，唐代学者，著有《汉书注》、《匡谬正俗》等。

⑩《抱朴子》：东晋葛洪撰。《内篇》二十卷，主要是道教及炼丹理论；
　　《外篇》五十卷，以政治议论为主。
⑪玄鬯（chàng）：古代宗庙祭祀用酒。

## 【解读】

　　酒按照酿造原料、酿造方法和酿后形态的不同，可分为不同的类别。关于书中提到的五齐，《周礼》中指泛齐、醴齐、盎齐、醍齐和沉齐。东汉郑玄则按照酒液与酒滓的形态来解读五齐，称泛齐乃米滓浮于酒面，醴齐是酒液与酒滓混为一体，盎齐呈葱白色，醍齐呈赤红色，沉齐指酒液澄清、酒滓完全下沉。有关三酒（即事酒、昔酒、清酒），通常按照酿造时间及用途来分：事酒乃因某些事临时酿造的酒，酒精度很低；昔酒则酒精度较高，酿后储存起来；清酒酿造时间最长，酒精度最高，较前两者也最上乘。但作者认为传、注所记并不可信，上述说法可能是以今推古，后人应尽发智思，不可尽信于书。

　　文中提到了漂玉酒、若下酒，这二者均是古酒名。有关漂玉酒的记载非常少，具体指何种酒不详。汉代的若下酒品质较高，呈赤色，"乌程若下"的名酒地位自汉代一直延续到明朝，是中国历史上出名最早、流传时间最长的地方名酒。汉代酿酒业分为官营酿造与私营酿造，官酿酒主要供皇室饮用，不对外销售，因而有上尊酒之说。

　　一壶酒的好坏关键在于所用原料及酿造工艺。我国古代酿酒原料大多为粮食谷物，至于汉代的挏马酒（马奶酒）、唐代的葡萄酒应是从他地引进，而唐代的荔枝酒、宋代的梨酒则都是天然酵变所得。汉代之前的酿酒工艺与现在差别很大，米蒸熟后加入酒曲直接进行发酵，发酵时间的长短决定了酒的度数高低，酒曲的不同也会令酒精度、糖度有所不同。当时的酒曲有曲、蘖之分，前者发酵能力较后者强，人们通常把由曲酿出的称为"酒"，而由蘖制成的称作"醴"。醴的酒精度低，味甘甜，在汉代以后已慢慢淡出历史的

《漉酒图》丁云鹏（明）

舞台。汉代至魏晋南北朝时期，酿酒业迅速发展，酒品种类增多，酒曲发酵能力和酒精度大大提升。唐宋时期，酒的酿造工艺不断创新改进，不少学者认为宋代已掌握了蒸馏酒的技术。到明清时期，我国已初步形成南酒、北酒两大体系，南酒是以绍兴酒为首的黄酒，北酒则为烧酒，此时传入的葡萄酒、啤酒对现代酒业更是影响深远。

皮日休①诗云："明朝有物充君信，搉酒三瓶寄夜航。"搉酒，江外②酒名，亦见沈约③文集。张籍④诗云"酿酒爱干和"，即今人不入水也。并、汾⑤间以为贵品，名之曰干酢酒⑥。

【注释】

①皮日休：字逸少，号"鹿门子"、"间气布衣"等，晚唐著名诗人。
②江外：江南地区。
③沈约：字休文，南朝著名文学家、史学家，"竟陵八友"之一。
④张籍：字文昌，中唐诗人，擅长乐府诗，与王建并称"张王乐府"。
⑤并、汾：指并州、汾州，并州是原九州之一，汾州即现在的山西汾阳。
⑥干酢（zuò）酒：一种使用"干和"工艺酿造的汾酒。

【解读】

鲁迅先生曾称皮日休是晚唐间"一塌糊涂的泥塘里的光辉的锋芒"，其诗文多是针砭时弊、同情百姓疾苦的题材，反映了当时的社会现实，揭露了统治阶级的腐朽。同时，自号"醉吟先生"的皮日休还写了很多关于酒的诗篇，上文诗句出自他的《鲁望以轮钩相示缅怀

高致因作三篇》，是与
好友陆龟蒙唱和而作。朋
友二人以酒助诗，举杯对
饮，所有烦心事都融于眼
前这杯琼浆玉液间。

米酒

张籍诗句"酿酒爱
干和"所提到的干和酒，
是一种使用"干和"工艺
酿造的酒。"干和"也是
一种米酒，特别之处在
于其酿造工艺中控制了水的使用量，最大限度保持了原液的浓度。
干和酒的酒精度更高，清澈如水，味道甘美醇厚，唐人尤爱河东干
和酒。

宋之问①诗云："尊溢宜城酒，笙裁曲沃匏②。"
宜城在襄阳，古之罗国③也。酒之名最古，于今不废。
唐人言酒之美者，有鄂④之富水，荥阳⑤土窟春、石
冻春，剑南⑥烧春，河东⑦干和、薄萄，岭南⑧灵溪、
博罗，宜城九酝，浔阳湓水⑨，京城西市腔、虾蟆
陵。其事见《国史补》⑩。又有浮蚁、榴花诸美酒，
杂见于传记者甚众。

**【注释】**

①宋之问：字延清，初唐诗人。

②匏 (páo)：匏瓜，可做水瓢，又可做笙，以曲沃（今山西闻喜）为佳。

③罗国：商周时期古国，春秋时被楚国所灭，位于今湖北宜城西。

④鄂：唐代州名，今湖北武汉。

⑤荥 (xíng) 阳：位于今河南郑州。

⑥剑南：唐代将全国划分为十五道，剑南道为其中之一，今四川、云南、贵州一带。

⑦河东：河东道，大致相当于今山西。

⑧岭南：岭南道，包括今广东、广西一带。

⑨浔阳溢 (pén) 水：浔阳在唐代属于江州，今指江西九江。

⑩《国史补》：又称《唐国史补》，唐代李肇著，共三卷，记载唐代开元至长庆年间的事。

**【解读】**

初唐诗人宋之问在诗里提到的宜城酒，在汉代即已出现。宜城酒是浊酒一类的米酒，醪液浓稠，口感醇厚，制作中用曲量较少，时间短，酒精度不高。曹操将宜城"九酝春"献给汉献帝以后，宜城酒便美名远播。自此，各朝各代都有文人墨客为宜城酒作下不朽的诗篇，如三国曹子建有"宜城浓醪，苍梧漂清"。当时与宜城酒齐名的为苍梧酒。苍梧酒属清酒一类，酝酿周期较长，需经过滤、压榨等工序，酒液清冽，酒精度较高，代表了汉代清酒类的最高水平。

如今仍在传承的名酒剑南春

唐代名酒多带"春"字，这主要有两点原因：一是古酒大多冬酿春熟，故而称为"春酒"；二是魏晋以来有酒曲名为春酒，用它酿造的酒自然以春酒命名，如剑南春酒、土窟春酒、石冻春酒等。剑南春酒分为生春、烧春，两者差别在于烧春多加一道低温加热灭活的工序，保存时间长，但这种烧酒不是现代意义上的蒸馏酒。土窟春出产于古荥阳，又称"上窟春"，与富水酒并称"精酿"。富水酒乃郢州所产，属浊酒当中的上品，据史料记载，郢州所产酒为皇家宴会专用酒。石冻春又名"富平酒"，产于今陕西省富平县，唐代石冻春产量较高，酒品上乘，后人常以之作为形容词描述好酒，如"西风满地黄金粟，好酿侬家石冻春"。

　　除了各种春酒，唐代不乏其他名品，如之前介绍过的干和酒，还有上文提到的灵溪、博罗、九酝、溢水、西市腔以及虾蟆陵。这些酒均为一方名酿，见之于诗家颂咏，源远流长，影响着后世酒业。

《蕉林酌酒图》陈洪绶（明）

酒之事

《诗》①云："有酒湑②我，无酒酤③我。"而孔子不食酤酒者，盖孔子当乱世，恶奸伪之害己，故疑而不饮也。

**【注释】**

①《诗》：《诗经》，我国第一部诗歌总集，收录了西周至春秋的300多首诗歌，又称"诗三百"。
②湑（xǔ）：将酒滤清。
③酤（gū）：买酒，也指一夜酿成的酒。

**【解读】**

探寻我国酒文化的历史时会发现，"甘"和"浊"是古代对酒类品评的特定用词，其中"浊"字是对酒液形态的形容，与"清"相对，如范仲淹的"浊酒一杯家万里"。浊酒又称"浊醪"，指用曲量较少、投料较粗糙、发酵期较短的米酒，属于最低水平的发酵酿酒。清酒指酿造时用曲量多、投料精细、发酵期较长的米酒，通常被当作优质酒，优于浊酒。说起清酒，很多人自然会联想到现在的日本清酒，据史料记载，古代日本并无清酒，只是后来有人在浊酒中加入石炭，

《鸿门宴》版画

沉淀后取清洌的酒液，才有"清酒"之名。

　　不论是清酒，抑或是浊酒，对于爱酒之人都是一壶美味。但酒并不仅仅是停留在舌尖上的美味，还与历史上的一些重大事件紧密相关。波谲云诡、杀机四伏的鸿门宴上，项羽和刘邦两方势力击鼓舞剑，觥筹交错，而项羽酒宴上的失败终成就了刘邦的千秋伟业；曹操与刘备煮酒论英雄，奠定了日后三分天下之势。

　　　　《韩非子》①云：宋人沽②酒，悬帜甚高。酒市有旗，始见于此。或谓之帘。近世文士有赋之者，中有警策③之辞云："无小无大，一尺之布可缝；
或素或青，十室之邑必有。"

【注释】

①《韩非子》：先秦时期法家代表人物韩非的著作，内容主要为批判汲取先秦诸子多派的观点。

②沽：卖。

③警策：精炼扼要而含义深切动人的文句。

【解读】

　　酒旗出现较早，上古即有酒旗星之说。自唐以来，酒旗的主要

西塘酒旗

作用是为酒肆标识身份。店家在酒旗上写上字号，悬于店铺之上或挂在屋顶房前，也有另立一根望杆，挂上酒旗，为风所扬，凸显自家特色。唐代诗人皮日休的《酒旗》诗云："青帜阔数尺，悬于往来道。多为风所扬，时见酒名号。"摇摇闪闪间，绿树深处传来阵阵酒香，小青旗召唤着人们到酒家一品这琼浆玉露。

然而，酒肆并不是有酒旗就能生意兴隆。以宋人沽酒为例，一宋人卖酒，将旗帜悬挂很高，且量准酒美，待客周到，但是酒却卖不出去，时间长了都散发出酸味。他向年长的邻居求教，长者说："你家的狗太凶啦！"此人不解，长者又说："狗凶猛，大家都害怕它，小孩提着酒壶来买酒，你家的狗上来就咬，酒能卖出去吗？"卖酒之人恍然大悟。

---

古之善饮者，多至石①余。由唐以来，遂无其人。盖自隋室更制度量，而斗、石倍大尔。

---

**【注释】**

①石（dàn）：容量单位，十升为一斗，十斗为一石。

**【解读】**

有人杯酒就醉，也有人千杯不倒。尧能饮千钟（约 20 万升），尽管此为夸大之词，但后来有一石（约 100 升）之量者也不乏其人。魏晋时期的饮酒之风可用酗酒来形容，纵酒之态由下至上。当时的豪饮之人能喝一石酒，冯跋"饮酒至一石不乱"，元慎"性嗜酒，饮至一石，神不乱"。而到了唐代，能饮一斗（约 10 升）酒已算高量，这除了上文提到的度量衡制度更改的原因外，与酒精度的提高也有关系。唐代酿酒技术提高，逐渐使用了一些先进技术，比如对酒醅加热处理、使用石灰降低酸度，酒精度较汉代、魏晋南北朝有较大提高。但唐人言酒多浓甘之赞，到了宋代才有劲、辣、烈之词，因此唐代酒的度数仍然不是很高。宋代酿的酒，酒精含量逐渐增高，其中的一些优质酒已具有现代黄酒的品质和酒精度。唐人饮酒以"斗"计，宋人饮酒以"升"计，善饮者多以三升为常量，能喝一斗的人算酒量很高的了。

> 纣为长夜之饮而失其甲子①，问于百官，皆莫知，问于箕子②。箕子曰："国君而失其日，其国危矣；国人不知而我独知之，我其危矣。"辞以醉而不知。

【注释】

① 甲子：古人用天干和地支依次相配纪年，每六十年一个甲子。此处代指时间、光阴。

② 箕子：纣的叔父，曾劝谏纣王，纣王不听，将其囚禁。

【解读】

历史上因酒误事甚至殒命的例子很多。商纣王以暴虐残忍著称，纵酒无度，"以酒为池，悬肉为林，使男女裸，相逐其间，为长夜之饮",影响了国家的正常治理。纣王的叔父箕子担心纣王误国而进行劝谏,反被纣王囚禁。后来周武王取商而代之,命人释放箕子,向箕子询问治国之道。此后,周以饮酒为戒,对酗酒亡国之举大加鞭笞。可见,凡事讲究一个度,酒虽甘美,贪杯却容易误事,更甚者还有为酒而丢了性命的。

青铜觚(商)

为此,文人才子们打起了一场笔墨官司。孔融曾在曹操颁布了禁酒令后,两次发表《难曹公禁酒书》,晋人刘伶写有《酒德颂》,将对酒的嗜好诉诸笔锋。然而强调酒之害的人也搜肠刮肚、列数酒的害处,劝诫世人断酒、戒酒。

魏正始①中,郑公悫避暑历城之北林②。取大莲叶置砚格上,贮酒三升,以簪③通其柄,屈茎如象鼻,传噏④之,名为碧筒杯。事见《酉阳杂俎》⑤。

【注释】

①正始:三国时期魏齐王曹芳的年号。

②郑公悫(què):人名;历城:古县名,设于汉代,属青州济南郡,在今山东济南。

③簪:古人用来固定发髻或连冠于发的一种针状物。

④噏(xī):通"吸",吸取。

⑤《酉阳杂俎》:唐代段成式写的一部笔记小说集,由前集二十卷,

续集十卷组成。内容为传奇异事，反映了唐代人们的生活状态、思想状况。

## 【解读】

古时，饮酒是一件非常风雅的事。人们不仅重酒之美味，也在饮酒器具上追求华美精巧的造型。如三国魏的郑公悫就以荷叶制成了"碧筒杯"饮酒器，即将大荷叶置于砚台上，里边盛三升酒，用发簪贯通荷叶的叶柄。因其茎弯曲状若象鼻，也有"象鼻杯"之称。清冽的酒液盛在刚采摘下来的碧绿荷叶上，酒自叶柄空心流下，酒香夹杂着荷叶的清香，饮者对着叶茎柄口吸取酒液，美妙异常。碧筒杯在唐宋时尤盛，苏轼曾作诗赋云："碧筒时作象鼻弯，白酒微带荷心苦。"

碧绿荷叶

晋阮修①常以百钱挂杖头，遇店即酣畅。

**【注释】**

①阮修：字宣子，陈留尉氏人，诗人阮籍的侄孙。

**【解读】**

魏晋南北朝时期，社会动荡不安，政治腐败，仕途无望的文人士大夫中不乏隐匿山林、借酒消愁者。史上著名的"竹林七贤"就经常豪饮纵歌，他们隐于竹林，遁世避祸，同时靠着酒的掩护，做出一些癫狂之举。七贤之一的阮籍任官时，日日酣饮，以醉酒为名躲过多次灾祸。阮籍的侄孙阮修继承了他的好酒之风，常将百枚铜钱挂在扶杖头上，碰到酒店就闻香进入，独坐一隅，要几碟小菜，畅饮一番。加上阮修为人放荡不羁，一身傲骨，视富贵如浮云，因而"杖头钱"的典故便为人所传承。

《阮修沽酒图》陈洪绶（明）

山简①在荆襄，每饮于习家池②。人歌曰："日暮竟醉归，倒着白接篱③。"接篱，巾也。

**【注释】**

①山简：字季伦，河内怀人，"竹林七贤"之一山涛的第五子，官至尚书左仆射，西晋末年因病去世。

②习家池：又称"高阳池"，位于襄阳凤凰山南麓，史料记载为东汉襄阳侯习郁所建。

③接篱（lí）：古代的一种头巾。

**【解读】**

山简性格温和文雅，有父亲山涛之风，喜颂歌赋诗，纵酒欢乐，但没有如山涛一般隐世于竹林。他历任太子舍人、尚书左仆射等多个官职，生平后期还参与了军事活动。山简才华横溢，与嵇绍、刘谟、杨淮齐名，但其才华起初却不为山涛知晓，因而山简曾感慨道："吾年几三十，而不为家公所知！"

山简嗜酒在当时远近闻名，特别是在镇守荆州襄阳时，常去习家池饮酒，于黄昏之际才醉醺醺地归来。习家池环境优美，自古常有文人墨客到此吟诗作赋，在今天仍然是襄阳的名地。习家池又称为"高阳池"，是山简根据"高阳酒徒"的典故而命名。秦汉之交，刘邦率兵至陈留（今河南省开封市陈留镇），自称"高阳酒徒"的儒生郦食其，毛遂自荐，后设计攻克陈留，为刘邦的军队解决了粮草供应，被刘邦封为"广野君"。山简在习家池喝酒时，想到这个典故，便以高阳池称呼。

扬雄①嗜酒而贫，好事者或载酒饮之。

**【注释】**

①扬雄：字子云，西汉文学家、哲学家、语言学家，蜀郡成都（今四川成都）人。扬雄以模仿司马相如作辞赋而声名远播，早年著有《长杨赋》、《甘泉赋》、《羽猎赋》，后来又仿《论语》作《法言》，仿《易经》作《太玄》。其《方言》一书记载了西汉时代各地方言，是研究古代语言的重要文献。

**【解读】**

　　西汉有两大辞赋家，一是司马相如，还有一个就是扬雄。扬雄自小勤奋好学，博览群书，不仅能写辞赋，还研究哲学、方言，可谓是卓尔不群，博古通今，东汉哲学家王充曾赞他为"鸿茂参圣之才"。

品类多样的美酒（图片提供：微图）

扬雄不汲汲于富贵，虽然曾在王莽手下做过官，但不趋炎附势，当了几年官，两袖清风。扬雄嗜好不多，唯爱喝酒，但家贫没有酒资，幸亏有一专长，认识各种稀奇古怪的生僻字，金文、篆书之类都不在话下，对各地方言也有研究，因此很多好学的人都来向他请教。求学者见扬雄不爱财，便带着酒登门拜访，扬雄见酒，果然引经据典，绵绵不绝，这就是"载酒问字"典故的由来，可与携干肉向孔子求教相媲美。现在，"载酒问字"常比喻某人有学问，或指一个人勤学好问。

> 　　陶潜①贫而嗜酒，人亦多就饮之。既醉而去，曾不恡②情。尝以九日无酒，独于菊花中徘徊。俄见白衣人至，乃王弘③遣人送酒也。遂尽醉而返。

## 【注释】

①陶潜：又名陶渊明，字元亮，号五柳先生，晋代文学家、诗人。
　著有《归园田居》、《桃花源记》等。
②恡（lìn）：同"吝"，吝惜。
③王弘：字休元，琅邪临沂（今山东临沂）人。

## 【解读】

　　陶渊明辞官归故里后，安贫乐道，不为五斗米折腰，却性嗜酒，"造饮辄尽，期在必醉"。朋友来访，他必邀其痛饮，但从不以朋友去留为意，可见先生之意在于酒而不关乎情。在陶渊明的世界里，处处是超逸洒脱、返璞归真的酒风酒貌，酒带给他的不仅是舌尖上的刺激，豪饮也不是单纯地追求醉酒，更是心灵上的慰藉与精神上的陶醉。

《渊明醉归图》张鹏（明）

　　"白衣送酒"这个故事发生在陶渊明与王弘之间。王弘是东晋末年刘裕的亲信，刘裕建国后，王弘即任江州刺史一职。他想要结识陶渊明，却苦于无门，后来知道陶渊明嗜酒后，就让陶渊明的朋友庞通在半路上摆上酒席。陶渊明、庞通"巧遇"后痛饮叙旧，不亦乐乎，王弘便趁机出来，三人欣然共饮。而后，王弘时不时地差白衣使者给陶渊明送酒，便有了"白衣送酒"一幕。

　　后有学者对陶渊明和王弘之间的交往存有疑问。关于两人的交游记载始见于《宋书》，但《宋书》有关陶渊明的史料记载本就遭到质疑。朱自清先生就陶渊明的名与字、享年、入宋以来的甲子纪年曾专门作过论述，因此陶、王二人之交的准确性有待考证。陶渊明洒脱不羁，不愿同流合污，王弘此前一直不能与他结识，而后通过精心设计的半道巧遇，虽与陶渊明同席共饮，但陶渊明饮酒从不以去留为意，酒是酒，与人情无关，恐怕王弘虽能与陶共饮，但可能二人只存酒情吧。

《魏氏春秋》①云："阮籍以步兵营人善酿，厨多美酒，求为步兵校尉②。"

**【注释】**

①《魏氏春秋》：又称《魏春秋》，编年体史书，主要记载三国魏历史，作者孙盛，字安国，西晋史学家、学者。

②步兵校尉：掌管皇帝禁卫部队的官职。

**【解读】**

曹魏正始十年（249），司马懿政变后控制曹魏政权，而后不断铲除异己，朝廷内部斗争残酷，社会动荡不安，民众生活在水深火热之中。文人们仕途无望，只有将满

阮籍像

腹经纶寄托于美酒、竹林，洒脱于局外，"竹林七贤"堪称代表。

"竹林七贤"指名士阮籍、嵇康、山涛、向秀、刘伶、王戎、阮咸七人。他们常齐聚山阳县（今河南修武一带）竹林下，纵饮酣畅，赋诗论道，传为佳话，因此得名。

"竹林七贤"不拘礼节，轻蔑礼法，但七个人各有自己的性情、生活态度与人生追求，离开竹林后便走上了不同的道路。有誓死不与朝廷合作的，也有投靠朝廷的。阮籍虽在政治上倾向于曹魏皇室，对司马氏集团心怀不满，但同时又感到世事已不可为，于是明哲保身做了官。但是他也不愿与司马氏同流合污，因此常常喝得酩酊大醉，避开世事。阮籍为人比较含蓄谨慎，在饮酒上却豪爽放达，有李白的酒仙风度。

关于阮籍癫狂、不拘礼法之事多有流传。一次阮籍送他的嫂子回娘家，因当时叔嫂不能同行，此举被认为是有违礼法，阮籍却说："礼法岂为我辈所设耶？"后来阮籍母亲去世时，他正与人对弈，却执意要把棋下完，饮酒二斗，后起身大叫一声，吐血数升。服丧期间，阮籍参加宴会时更是大吃酒肉，旁若无人。有人趁机向司马昭罗织阮籍的罪名，因司马昭正想拉拢阮籍，他才逃过一劫。阮籍也常到一个酒家喝酒，老板娘生得美艳动人，阮籍喝醉后随地卧倒，于美妇脚边就开始酣睡，丝毫不顾及旁人眼光。妇人的丈夫刚开始屡屡意欲动怒，但后来发现阮籍是醉翁之意只在酒，也就听之任之了。阮籍之洒脱于此可见一斑。

> 　　唐王无功①以美酒之故，求为大乐丞②。丞最为冗职③，自无功居之后，遂为清流④。

**【注释】**

①王无功：即王绩，字无功，号东皋子，绛州龙门（今山西河津）人，隋末唐初的诗人，著有《王无功集》。
②大乐丞：即太乐丞，唐代太常寺太乐署的副长官，从八品下，负责朝廷礼乐事宜的官职。
③冗职：清闲不重要的职位。
④清流：喻指德行高洁负有名望的士大夫，这里指声望清贵的官职。

**【解读】**

　　世人皆知五柳先生，殊不知还有个五斗先生，这人便是能饮五斗酒的王绩。王绩才华出众，15岁拜见隋朝重臣杨素，获“神通仙子”之称，后来应孝廉举中高第，被授予秘书省正字官职，前途一片光明。但王绩性情倨傲，竟放弃职位，后被改授扬州六合县丞，

《王原祁艺菊图》中的饮酒场景

因酒误事被解职，却落得清闲。唐贞观年间（627—649），王绩听说太乐署的小吏焦革擅酿美酒，便自请出任太乐丞，以便日日都能喝上好酒。太乐丞本是闲职，自王绩出任后就成了清贵的官职。焦氏夫妇去世后，好酒也就断了，王绩于是辞官归故里，与隐士仲长整日饮酒作赋，闲暇之余写了《酒经》、《酒谱》、《祭杜康新庙文》。王绩自己种粮酿酒，为杜康建祠，并将焦革也供奉在祠中。他的晚年可谓是与酒做伴，以酒为乐。

北齐①李元忠②大率常醉，家事大小了不关心，每言"宁无食，不可无酒"。

## 【注释】

①北齐（550—577）：南北朝时期的北方王朝之一，始建于高洋，国号齐，577 年灭于北周。

②李元忠：赵郡柏人县人，北齐的大臣。

**【解读】**

　　北齐大臣李元忠祖上数代为官，他本人虽不能博古通今，但也是个能文善射之人。李元忠性情十分仁厚，因老母多病而研习医药，经常给人免费看病，受当地人爱戴。酒是他的一大嗜好，为此经常顾不上家中大小事务，在担任南赵郡太守时，因为嗜酒而没有作为。看来喜好饮酒可以，但是整日沉醉于酒坛中，绝非良计。

> 　　今人元日①饮屠苏酒②，云可以辟瘟气。亦曰："婪尾酒③"，或以年高最后饮之，故有尾之义尔。

**【注释】**

①元日：农历正月初一。
②屠苏酒：屠苏是一种草名，屠苏酒则指药酒。也有一说，屠苏是我国古代的一种房屋，在这种房屋里酿的酒称为"屠苏酒"。
③婪尾酒：酒巡一圈至最后一座。

**【解读】**

　　屠苏酒又名"婪尾酒"，是我国酒文化中的一大特色，于汉代时出现，盛行一时，后传到韩国、日本，保留至今。现在饮屠苏酒是日本新年的象征，而在我国，屠苏酒至清朝已经失传，不可不说是一件憾事。

　　关于屠苏酒名字的起源，历来皆有争议。据唐代韩鄂所著《岁

屠苏酒配方（图片提供：微图）

屠蘇酒配方

【主治】歲旦辟疫氣，令人不染溫病及傷寒。

【配方】大黃、桔梗、蜀椒各十五株、白朮、桂心各十八株，烏頭六株，菝葜十二株。

【制法】上咀，絳袋盛，以十二月晦，日中，懸沉井中，令至泥，正月朔月平曉出藥，置酒中煎數沸。一方有防風一兩。

【用法】于東向中飲之屠蘇酒，待三朝，還渣置井中，能仍歲飲，可世無病，當家內外有井，皆悉著藥，辟溫氣也。

一方用虎杖一兩一錢，無菝葜。

《備急千金要方》

华纪丽》的记载，屠苏是一位名医的草庵名称，据说此名医每到除夕夜便给附近人家分送草药，嘱咐他们将药放在布袋里缝好，投在井中，过些时日便汲取井水，兑酒而饮，这样一年之中就不会得瘟疫。人们为了纪念名医，就用他所居住的草庵名"屠苏"来命名药酒。但是，也有人指出屠苏并不是某间草屋的专名，而是所有草屋的泛称，因而屠苏酒取名于草屋的说法同样流传。

古人认为屠苏酒可预防瘟疫，凡在端午节、中秋节及春节时，都要喝屠苏酒，并且还要按规矩喝，全家人由幼至长，依次排列，每人一杯。此举别有含义，北魏议郎董勋解释说："少者得岁，故贺之；老者失岁，故罚之。"意思是年少的人过年增加一岁，先喝酒是为了祝贺他，年长者过年则逝去一岁，晚一点喝含祝长寿之义。这种风俗在宋朝仍很盛行，如苏轼在《除夜野宿常州城外》诗中说："但把穷愁博长健，不辞最后饮屠苏。"陆游在《除夜雪》一诗中也写道："半盏屠苏犹未举，灯前小草写桃符。"

王莽①以腊日献椒酒②于平帝③，其屠苏之渐乎？

【注释】

①王莽：字巨君，魏郡元城（今河北大名县东）人，汉元帝皇后王政君之侄，篡汉建立"新朝"，后身死国灭。
②椒酒：一种配制酒，用花椒串香的酒。
③平帝：指汉平帝刘衎，原名刘箕子，西汉第十四位皇帝。

【解读】

　　汉代人酿谷物酒，有按原料命名的，有按酿造季节命名的，也有按配料命名的。椒酒、桂酒、菊花酒等都是按照配料、香料来起名的。椒香在当时十分受宠，因而酿酒时人们都会想到它，以花椒

花椒（图片提供：微图）

酿酒，酒香中渗着椒香。东汉崔寔《四民月令》中记载："正月之正旦，是谓正日……子妇曾孙各上椒酒于家长。"

元魏①太武②赐崔浩漂醪③十斛。

**【注释】**

①元魏：即北魏，因魏孝文帝改本姓拓跋为元而得名，南北朝时期分裂为东魏、西魏，后分别被北齐、北周取代。
②太武：太武帝拓跋焘，北魏第三位皇帝，在位29年。
③漂醪：通"缥醪"，古代一种酒名。

**【解读】**

　　酒的社会作用主要体现于人际交往时，能够成为沟通友邻、融洽上下级关系的媒介，常人如是，皇室同样如此。南北朝宫中多美酒，有千里酒、桑落酒、葡萄酒、河东酒、缥醪酒等。据称，缥醪酒是一种奇香的精酿酒。《北史》有记载，北魏白马公崔宏之子崔浩博古通今，超丁常人，太武帝非常喜爱他，于半夜之际，赐给崔浩"缥醪酒十斛，水精戎盐一两"。历史上的崔浩，曾仕北魏道武、明元、太武三帝，官高至司徒，是太武帝最重要的谋臣之一。崔浩屡次力排众议，在太武帝成功灭胡夏、北凉和出击柔然的军事行动上贡献颇多。然而，崔浩的才干与权力，引起了执政的北方贵族及其他人的忌妒，太平真君十一年（450），崔浩因国史之狱被夷九族。

唐宪宗①赐李绛②酴醿、桑落，唐之上尊也，良醖令③掌供之。

**【注释】**

①唐宪宗：名李纯，唐朝第十一位皇帝，在位15年，其统治期间，唐朝出现短暂统一，有"元和中兴"之称，后被宦官谋害。

②李绛：字深之，赵郡赞皇（今河北赞皇）人，中唐政治家。

③良醖令：唐代官职名。

**【解读】**

唐代的酒来自不同的酿造渠道，官营酿造由于其有利的条件，往往产出众多名品。良醖署是朝廷专设的酿酒机构，专门生产国事祭祀用酒，所酿之酒大都属上乘，如秋清、酴醿、桑落等名酒。

桑落酒，最早由河东（指山西一带）人酿制，其名来源于它的酿造季节——桑落之秋，诗意盎然。自北朝时开始，桑落酒就是上品佳酿，深受人们喜爱，常见于馈赠佳礼之中，在皇室之中也占有一席之地。唐朝朝廷当中还曾专门酿造桑落酒，供宗庙祭祀。桑落酒的美名之盛，以致后来演变为美酒的代名词，很多人喜欢把自家酿造的美酒冠以"桑落酒"的美称。

酴醿酒在唐代同样贵为皇家御酒。历史上一说酴醿酒为酴醿花酿造，一说它是经反复酿造而成的甜酒。在唐代的饮用酒中，配制酒占了很大比例，因此酴醿酒乃采酴醿花酿制的说法在唐朝是较为可信的。所谓配制酒即以米酒为酒基，加入动植物药材或者香料加工而成，民间流行的名品有桂花酒以及各种花香酒。花

山西永济鹳雀楼内的"桑落酒酿造"雕塑（图片提供：FOTOE）

香酒以花配酒，意在取花之芳香，莲花可制碧芳酒，凤李花可制换骨醪，菊花可制菊花酒，唐人的酒文化可谓是丰富多彩，风雅不俗。

这里还要提到李绛的故事。李绛为人正直，敢于直谏，官拜相位后，仍然直挑皇帝的毛病，从不胆怯畏言。当同为丞相的李吉甫奉承唐宪宗时，李绛敢于质问唐宪宗自视与汉文帝相比如何，真乃骨骸之言，没给皇帝留下一分薄面。而唐宪宗不但没有怪罪李绛，反而送去美酒慰劳。唐朝后期皇帝大多昏庸无度，唐宪宗可以说是较有作为，任人唯贤，他与李绛堪比唐太宗与魏徵，传为佳话。

汉高祖①为布衣时，常从王媪、武负贳酒②。贳酒之称，始见于此。

**【注释】**

①汉高祖：汉高祖刘邦出身平民阶级，楚汉之争中击败项羽，统一天下，建立汉朝。

②贳（shì）：赊欠。

**【解读】**

汉代的开国皇帝刘邦爱酒，在其传奇的一生中，与酒结缘甚多。刘邦还是平民百姓时，家资不多，常到开酒肆的王媪、武负那里赊酒喝。刘邦性格豁达，每次去喝酒，留在店中畅饮，买酒的人就会增加，售出去的酒达平常的几倍。到了年终，王媪、武负考虑到刘邦为他们带来了高额利润，又望来年刘邦继续吸引顾客，都心甘情愿的不再向刘邦讨账。然而他们也不希望其余赊账之人赖账，又故意为刘邦编造了一些神奇的现象，如见他身上常有龙身显现等，以示刘邦与众不同。

汉高祖十二年（公元前195年）秋，刘邦在平定了诸侯王英布的谋反后衣锦还乡，举办了盛大的酒事活

汉高祖像

动。他招来所有父老子弟，与他们平起平坐，不分彼此，开怀畅饮，纵酒十余日。也就是在这期间，刘邦写出《大风歌》："大风起兮云飞扬，威加海内兮归故乡，安得猛士兮守四方！"

西汉以来，腊日饮椒酒辟恶。其详见《四民月令》①。

【注释】

① 《四民月令》：东汉大尚书崔寔所著，成书于 2 世纪中期，模仿古时月令，叙述了田庄从正月直到十二月中的农业活动，也涉及酿造、制药等手工业。

【解读】

腊八乃农历十二月八日，是汉民族的传统节日，用来祭祀祖先、神灵，祈求丰收。这一天民间流传着吃腊八粥、腊八蒜的习俗，还有些地方吃腊八豆腐、腊八面。而从西汉时期起，人们在腊八节也饮用以花椒泡制的椒酒。椒酒属药酒的一种，多作节令用酒，以祛除不正之气。其饮用方法与屠苏酒一样，年少者先饮，老者后饮。后来椒酒主要用于药用，可以治疗胃寒反酸。

酒之事

天汉①三年，初榷②酒酤。始元③六年，官卖酒，每升四钱，酒价始此。

【注释】

①天汉：汉武帝刘彻年号，天汉三年为公元前98年。
②榷：垄断专卖。
③始元：汉昭帝年号，始元六年为公元前81年。

【解读】

　　这里说的是汉代实施过的榷酒政策。随着酿酒业的迅速发展，利润不断增加，继盐、铁官营后，汉武帝时首创榷酒政策。所谓榷酒，即国家对酒类产品实施垄断专卖，官府将民间私营酿造的酒以一定的价格全部收购，再加价进行销售，攫取流通、销售环节的高额利润。

　　官府垄断在我国历史上屡见不鲜，但对于酿酒业来说，榷酒政策虽然给朝廷带来了短期利益，但却严重挫伤了酿酒业的积极性，导致酒类产品质量下降，行业发展停滞。由此，汉昭帝在位期间，将榷酒改为税酒政策，这在《汉书》卷七《昭帝纪》中有记载："罢榷酤官，令民得以律占租，卖酒升四钱。"窦苹在文中似乎将卖酒四钱理解为每升酒价四钱，这还有待考证，因为酒品有质量、成本的高低之分，对酒类统一定价是不合理的。税酒政策，一方面能防止国家财政收入因榷酒政策的废除大幅下滑，另一方面也有利于维护经济秩序，促进酿酒行业的发展。后来王莽执政时期，又再度恢复榷酒政策，不仅对销售环节实施垄断，还直接干预生产领域，用官营酿酒取代私营酿酒，最大限度攫取利润，不过他的榷酒政策随其短暂的执政生涯而告终。

> 任昉①尝谓刘杳②曰："酒有千日醉，当是虚名。"杳曰："桂阳程乡③有千里醉，饮之，至家而醉，亦其例也。"昉大惊。乃云："出杨元凤④所撰《置郡事》。"检之而信。又尝有人遗⑤昉柽酒，刘杳为辨其柽字之误。柽音阵，木名，其汁可以为酒。

【注释】

①任昉（fǎng）：字彦升，乐安博昌（今山东寿光）人。南朝文学家，竟陵八友之一，当时与沈约齐名，著有《述异记》、《杂传》、《地理书钞》等。

②刘杳（yǎo）：字士深，平原人。南朝文学家，著有《要雅》、《楚辞草木疏》、《高士传》、《东宫新旧记》等。

③桂阳程乡：桂阳郡程水乡（今湖南省资兴市）。

④杨元凤：三国时期人物，撰《置郡事》，今已失传。

⑤遗（wèi）：馈赠。

【解读】

刘杳、任昉、沈约都是南朝学者，三人结为密友，互相探讨学问。刘杳最早为太学博士，而后担任步兵校尉、中书侍郎、尚书左丞等官职。步兵校尉一职自阮籍出任过以后，常被称为"酒厨之职"，而刘杳并不嗜酒，昭明太子萧统遂常以此事与他开玩笑。刘杳饱览群书，沈约、任昉每有困惑，都会向他请教，刘杳总能以寥寥数言释疑，这从千日醉之事即可看出。任昉怀疑千日醉的真实性，向刘杳询问，刘杳指出杨元凤所撰写的《置郡事》中有千日醉的记录。任昉查阅书籍，果然如此，便相信了。

紫砂名品"醉酒"（徐秀棠制）

千日醉又名"程酒"，乃古时桂阳郡郴县程乡所产美酒，是取当地河水，选用上等粮食为原料酿造而成。程酒与醽醁一样，为古代著名绿酒之一，呈碧绿色，酒味醇厚甘美，酒香醉人，因而有诗赞曰："程乡有千日酒，饮之至家而醉。"程酒属朝廷贡酒，酿制隐秘，酿造技术极为注重细节，民间流传困难，至今已失传。此处需要注意的是，程酒并不是"乌程酒"，它们分属不同产地，取不同水酿造。

> 《春秋说题辞》①曰：为酒据阴乃动②。麦，阴也；黍③，阳也。先渍曲④而投黍，是阳得阴而沸，乃成。

【注释】

①《春秋说题辞》：《春秋纬》中的一篇，记录了一些古代天文、历法、

地理等知识及神话传说。纬书是相对于经书而言，以神学、星相、数术解释儒家经义。

②动：发酵。

③黍：一年生草本植物，去皮后称"黄米"，比小米稍大，有黏性，可酿酒。

④曲（qū）：将麦子或白米蒸熟，发酵后再晒干，称"曲"（即酒曲），可用来酿酒。

## 【解读】

阴阳五行说是我国古代先哲创造的一种哲学思想，影响着一代代的人们，直到现在仍然有很多人对其深信不疑，比如婚嫁前算八字，建房前看风水。阴阳说认为阴阳之气乃天地万物之源泉，阴阳相合而生万物，古人常以此来解释世界，因此应用在酿酒上也不足为奇。从现代科学的角度出发，这段记载大概包括了古代谷物复式酿酒的基本原理，麦、黍等谷物里的淀粉经糖化过程水解成葡萄糖，在酒曲的作用下，转化为酒。其中酒曲是人工合成的，包含能使谷物糖化、酒化的霉菌类培养物，称为"曲糵"。

《淮南子》①云："酒感东方木水风之气而成。"其言荒忽，不足深信，故不悉载。

## 【注释】

①《淮南子》：又名《淮南鸿烈》、《刘安子》，西汉淮南王刘安召集门客仿《吕氏春秋》所撰。据《汉书》记载原书内篇二十一卷，外篇三十三卷，现仅存二十一篇。此书以道家思想为主，同时综合了先秦各家思想。

## 【解读】

"东方木水之气"也是阴阳五行说里的观点，《淮南子》杂采众家，融合了道家、儒家、法家、阴阳家等的思想，这里摘取了其中以阴阳五行之言解释酒的观点。不过，如窦苹所说，这个说法着实不可信。《淮南子》中的一些言论虽然荒诞不经，但其中也不乏精彩之处：比如在继承先秦道家思想的基础上，进行了唯物主义的阐释；继承并发展了法家思想，认为法制制度应随社会生活的变迁而改革；另外，还记载了很多兵家的战略思想。因此，关于酒的说法虽不可信，但《淮南子》作为政治斗争和思想形态激辩的产物，还是值得一读的。

> 《楚辞》①云："奠桂酒兮椒浆。"然则古之造酒皆以椒桂。

## 【注释】

①《楚辞》：战国末叶至西汉初期流行于楚地的诗歌集，主要包含屈原、宋玉等人的诗文，由刘向辑录。"奠桂酒兮椒浆"即出自屈原的《九歌·东皇太一》。

## 【解读】

窦苹从《楚辞》中"奠桂酒兮椒浆"的言语，推测古代都是用花椒、桂花造酒的。其实这种说法有失偏颇。东汉王逸为《楚辞》作注："桂酒，切桂置酒中也。椒浆，以椒置浆中也。"可见，此处记载的"桂酒、椒浆"只是把桂花、花椒置于成酒中，取其香气而已，造酒原料仍然是谷物，桂花、花椒只是配料。这种酒称为"配制酒"，即以发酵酒为酒基，加入一定量的辅料，如花果、植物或者药材等，进行调配混合，进而改变酒基的风格。汉代十分流行配制酒，如椒酒、桂酒、柏酒、菊花酒、百末旨酒等，它们是重要的节令用酒，也是我国酒文化中的瑰宝。

《吕氏春秋》①云："孟冬②命有司：秫稻必齐，曲蘖③必时，湛炽④必洁，水泉必香，陶器必良，火齐⑤必得，厉用六物⑥，无或差忒⑦，大酋⑧监之。"

【注释】

①《吕氏春秋》：又称《吕览》，秦代吕不韦集合门客所撰，全书共十二卷，一百六十篇。此书是一部杂家名著，融合先秦各家思想，以儒、道思想为主。

②孟冬：农历十月，即冬季的第一个月。

③蘖：酿酒的曲。

④湛炽：亦作"湛熺"，指酿酒时浸渍、蒸煮米曲之工序。湛，浸渍。炽，用大火煮。

⑤火齐：火候。

⑥六物：酿酒所需六物，即秫稻、曲蘖、湛炽、水泉、陶器、火齐，后来用六物指代酒。

⑦差忒：差错。

⑧大酋：古代酒官之长。

【解读】

在这一部分，窦苹分别摘取了《春秋说题辞》、《淮南子》、《吕氏春秋》等杂文典著中有关酒的说法，涉猎非常广泛。此处说的秫稻、曲蘖、湛炽、水泉、陶器、火齐酿酒这六物最早记载于《礼记·月令》，是较早的关于我国古代酿酒技术的具体记录。六物包括了酿酒过程的主要工序和注意事项，体现了要想成功酿造出酒就需要非常严密的条件，而要想酿出好酒就更需要精湛的技术和细心谨慎的态度，否则酿酒不成反成醋。

> 　　唐薄白公以户①小，饮薄酒。五代时有张白②，放逸，尝题崔氏酒垆云："武陵城里崔家酒，地上应无天上有。云游道士饮一斗，醉卧白云深洞口。"自是酤者愈众。

**【注释】**

①户：酒量。

②五代：指后梁、后唐、后晋、后汉与后周，是唐灭亡后依次更替于中原地区的五个政权；张白：字虚白，自称"白云子"，唐末五代道士、诗人。

**【解读】**

　　酒量大小因人而异，有人能饮酒数斗而不乱，也有人杯酒就心慌神迷，喝酒多少要根据自身情况而定，微醺是最好的状态。唐代薄白公知道自己酒量小，但又抵挡不住美酒的诱惑，就喝低度酒，这样既能饱了口福，又不致伤身。五代时期的张白为人放达，也酷爱喝酒，他在诗中提到的云游道士恐怕就是在说自己，饮一斗酒而醉

《醉饮图》【局部】 万邦治（明）
　　此图根据杜甫的《饮中八仙歌》绘成，刻画了八位高士在树
阴下的醉饮之状。

卧于白云深处，赛似神仙，"白云子"一称由此得来。张白除了为
崔家酒铺题诗称赞酒的美味外，还在《武陵春色》中表达了对酒的
喜爱："武陵春色好，十二酒家楼。大醉方回首，逢人不举头。"
　　事实上，唐代文人爱酒者众多，闻名于世的当属"酒八仙"，
即贺知章、王琎、李适之、崔宗之、苏晋、李白、张旭、焦遂，这
在诗人杜甫的《饮中八仙歌》中略有记载。其中，贺知章官至秘书
监，晚年生活恣意悠然，醉后便动笔写诗；李适之贵为左相，饮酒
至斗余而不乱；李白爱酒已经到了痴狂的地步，因而得"酒仙"之
称，更是写下许多酒诗寄托自己的情怀，如"举杯邀明月，对影成

三人"；张旭精通书道，每于醉后号呼狂走，索笔挥洒，所写草书连绵回绕、奔放豪逸；焦遂有口吃，一句话难得说顺讲全，可是等到饮酒之后，却应答如流。

> 卞彬①喜饮，以瓠壶、瓢勺、杬皮②为肴。陶潜为彭泽令③，公田皆令种黍。酒熟，以头上葛巾④漉之。唐阳城为谏议⑤，每俸入，度其经用之余，尽送酒家。

## 【注释】

①卞彬：字士蔚，济阴冤句人，历任于南朝宋、齐两代。
②瓠（hù）壶：一种盛液体的大腹容器；瓢勺：亦作"瓢杓"，是把老熟的葫芦剖为两半所做成的勺子；杬（yuán）皮：杬是一种古书上的树名，其树皮煎汁可腌制食物。
③彭泽令：彭泽县始设于汉代，位于现在的江西省。晋安帝义熙元年（405）秋，陶渊明出任彭泽县令，任81天便辞去职位。
④葛巾：古时用葛布做的头巾。
⑤阳城：字亢宗，定州北平人，唐德宗时期担任谏议大夫；谏议：官名，负责监察进谏。

## 【解读】

爱酒之人大多无酒不可下饭，若小酌一杯，即便是野菜糟糠也有了滋味。南北朝的卞彬就是此类妙人，他生性豁达，自称"卞田居"，常作诗文痛斥权贵，所作《禽兽决绿》中有"羊性淫而狠，猪性卑而率，鹅性顽而傲，狗性险而出"，暗讽权臣显贵的奸恶。卞彬不拘小节，号称十年不制新衣，盖着破棉絮，懒于打

表现陶渊明饮酒之态的《扶醉图》 钱选（元）

理自己，喜与虱子为伴。但他酷爱喝酒，以瓠壶、瓢勺、杭皮做下酒菜，平日所用的东西也很奇怪，比如用大葫芦做火笼。

"令吾常醉于酒足矣"的陶渊明担任彭泽县令时，想要公田都种上秫米，幸亏有明智的妻子及时劝阻，才得以使"一顷五十亩种秫，五十亩种粳"。粳指普通稻米，是日常食用米，不宜酿酒；秫米就是今天的糯米，黏性大，出酒率高，由此可见陶渊明不仅爱喝酒，对酿酒也了解甚多。酒酿成后，他甚至直接用自己的头巾来滤酒。

唐代的阳城也是爱酒之人，相较于卞田居、五柳先生的隐士之风，他是个入世之人，为人宽厚大度，为官刚正不阿。阳城担任谏官时，不会就琐事向皇上进谏，但是在攸关国家大事、无人敢谏言之时，必会挺身而出。阳城整日宴请宾客，饮酒作乐，俸禄除了日常花销，其余都用在喝酒上。

《西京杂记》：汉人采菊花并茎叶，酿之以黍米，至来年九月九日熟而就饮，谓之菊花酒。

【解读】

重阳节在我国已有2000多年的历史，最早可追溯到战国时期，以在宫廷中庆祝居多，到汉代才在民间渐渐流行起来。九九重阳节又被称为"老人节"，取其"九九"长久之意，民间在这天有登高远眺、吃重阳糕、喝菊花酒的活动。

菊花酒也称"长寿酒"，是重阳节的节令酒，由菊花与糯米、酒曲酿制而成，味道清凉甜美，被看作是重阳必饮、祛灾祈福的吉祥酒。正如《西京杂记》的记载，菊花酒早在汉魏时期就已盛行。东晋简文帝在《采菊篇》中也有"相呼提筐采菊珠，朝起露湿沾罗襦"之句，描述了采菊酿酒之举。到明清时期，菊花酒中又加入地黄、当归、枸杞等多种草药，具有养肝、明目、健脑、延缓衰老等功效。菊花酒的酿造一般是在头年的重阳节，人们采下初开的菊花酿成酒后，放至第二年的重阳节再饮用。在这一天，亲朋好友登高远望，同饮美酒，共赏黄花，别有一番情趣。

菊花

酒之功

> 勾践思雪会稽之耻①，欲士之致死力，得酒而流之于江，与之同醉。

【注释】

①勾践：春秋末年越国国君，曾败于吴，卧薪尝胆得以复国灭吴，成为了春秋时期最后一位霸主；会稽：今浙江绍兴东南。

【解读】

　　天将降大任于斯人也，必先苦其心志，劳其筋骨，饿其体肤。越王勾践对自己的实力估算不准，兵败于吴，逃至会稽山，后听取范蠡谏言，假意降于吴，忍得一时耻辱，回国后卧薪尝胆，韬光养晦，待吴国将大部分精兵都折损于与齐、晋之争时，一举将吴国打败。可见能成大事者一定能够承受一般人所不能承受之事。此处所述勾践把酒倒入大江中与士兵共享，希望能振奋士气、获得胜利，正是应了酒之功之名，但此事不见于《左传》等史书，真假还有待考证。更为有趣的是，勾践在吴卧薪尝胆期间为鼓励人民生育，下令生男孩奖励两壶酒、一只犬，生女孩奖励两壶酒、一只猪，用酒作为鼓励生育的奖品，可见酒在当时不是一般人家可以每日享用的。

秦穆公①伐晋，及河②，将劳师，而醪惟一钟③。蹇叔④劝之曰："虽一米，可投之于河而酿也。"乃投之于河，三军皆醉。

【注释】

①秦穆公：春秋时秦国国君，春秋五霸之一，在位 39 年，称霸西戎，开地千里。

②河：黄河。

③钟：古代容量单位，有一钟合六斛四斗、八斛、十斛等说法。

④蹇（jiǎn）叔：秦国大夫，是百里奚推荐给秦穆公的贤能之士，有知人之明。

士兵饮酒塑像（图片提供：微图）

**【解读】**

　　这段话与勾践倒酒共饮的例子相似，出征前以酒犒劳三军，鼓舞士气，历史上并不罕见。商鞅在秦国推行变法时，制定了一套奖励军功的制度，士兵在战场上只要斩获一名敌人的首级，就可获得一级爵位、一处田宅和几个仆人，斩获的首级越多，爵位越高。因此，在秦国士兵的眼里，敌人的首级就等同于财富、地位，而战前喝酒能使人兴奋，在战场上可以更加勇猛杀敌。当然，秦军喝的高粱酒与现在的白酒不一样，度数不高，喝上一碗也不至于头晕，所以此处"三军皆醉"为夸张说法，否则这也会影响军队战斗力的发挥。

　　历史上与酒有关的名将故事还有温酒斩华雄。三国时，袁绍、曹操等关东十八路诸侯共同讨伐董卓，然而孙坚、潘凤等大将接连被华雄斩杀。在华雄耀武扬威之时，关羽主动请战，为激励关羽的士气，曹操给他一杯热酒，岂料关羽武艺高强，斩下华雄头颅后回来时酒还尚有余温，这杯酒就成了庆功酒。

---

　　孔文举①云："赵之走卒，东迎其主，非卮酒无以辨。"卮②之事，《史记》及《汉书》③皆不载，惟见于《楚汉春秋》④。

**【注释】**

①孔文举：孔融，东汉文学家，"建安七子"之一，孔子的二十代世孙，汉献帝在位时任北军中侯、虎贲中郎将等职，后得罪曹操而被其杀害。

《古贤诗意图》之《东山宴饮》杜堇（明）

②卮（zhī）：古代盛酒的器皿。
③《汉书》：又称《前汉书》，东汉班固所撰，全书共120卷，记载
　了西汉到王莽时期的历史，是中国第一部纪传体断代史。
④《楚汉春秋》：由西汉陆贾所撰的杂史，记载了刘邦、项羽争霸
　至汉文帝初期的史事，现已失传。

【解读】

　　此处源自孔融反对曹操禁酒的事迹。曹操为储存粮食以备战争
之需，下令禁酒，使得当时的许多文人墨客都不敢公开饮酒。此举在
文人中更是引发了一场笔墨之战，有赞美酒的，也有人痛斥酒的危害
的。在孔融看来，饮酒不能逾礼，禁酒不能失仁。他在《难魏武帝禁
酒书》里，引用了许多历史人物的饮酒典故来说明酒所具有的深远影
响，反对曹操以强权禁酒。

除了孔融，历代文人才子也写下大量颂酒的文章。如晋代刘伶写有《酒德颂》，对酒百般推崇，强烈抨击认为饮酒有害的人。唐代诗人徐凝在《春饮》中有"不是春来偏爱酒，应须得酒遣春愁"。

王莽时，琅琊海曲①有吕母者，子为小吏，犯微法，令枉杀之。母家素丰财，乃多酿酒，少年来沽，必倍售之。终岁，多不取其直②。久之，家稍乏。诸少年议偿之，母泣曰："所以辱诸君者，以令不道，枉杀吾子，托君复仇耳。岂望报乎？"少年义之，相与聚诛令，后其众入赤眉③。

【注释】

①琅琊：秦汉时代指徐州琅琊郡（今山东一带）；海曲：海边。
②直：价值、代价，这里指酒钱。
③赤眉：汉末以樊崇等为首的农民起义军，因以赤色涂眉为标志而得"赤眉军"之称。

【解读】

　　吕老妇人为了替被县令冤枉而死的儿子报仇，就用酒笼络人心，每次年轻人买酒都会多给几倍酒，这里的酒便成了一个载体。当老妇人的家庭慢慢变穷时，她不要年轻人的物资补偿，而只求其能为儿子复仇，这样的深情感动了年轻人。这些年轻人之所以肯帮助老妇人杀了县令，是因为酒中包含着真情。

酒泉泉眼（图片提供：微图）

　　这里再说一个关于酒的趣事。相传西汉大将霍去病征伐匈奴有功，汉武帝奖励他一坛好酒，以示慰劳。霍去病直接把酒倒入了清洌的泉水中，然后与将士们共饮了带有酒香的泉水，以示同甘共苦，酒泉的地名由此得来。如今，此千年古泉仍然存在，是我国西北地区的名胜。

　　晋时，荆州公厨①有斋中酒、厅事酒、猥酒优劣三品。刘弘作牧②，始命合为一，不必分别。人伏其平。

【注释】

①公厨：官署厨房。

②刘弘：字和季（一作叔和），沛国相（今安徽濉溪）人，西晋名将；牧：古代州郡长官。

【解读】

　　古代历来有按酒质高低分类之说，如西汉把酒分为上尊、中尊、下尊。晋代官府则按照酒质的好坏将酒分为斋中酒、厅事酒、猥酒三种：斋中酒是用于祭祀和祭祀前斋戒，也特供给官员饮用的优质酒；厅事酒指礼仪宴会时所用的中等酒；猥酒是下等酒。而到刘弘做荆州长官时，下令将三种酒混在一起，不必区分，大家都心服于他的公平。

　　历史上，刘弘与晋武帝关系不同寻常，两人不仅是同乡，而且一起读书学习，因此刘弘升职很快。但刘弘做事谨小慎微，一丝不苟，这可从他将酒混在一起的故事中看出来。到晋惠帝时，刘弘已执掌朝政，每有兴废大事都会书信详细叮嘱办事官员，收到书信的官员非常高兴，并谨遵他的吩咐办事，这便是"一纸书"的故事。

　　河东人刘白堕善酿，六月以瓮①盛酒，曝于日中，经旬味不动而愈香美，使人久醉。朝士千里相馈，号曰鹤觞，亦名骑驴酒。永熙②中，南青州③刺史④毛鸿宾赍酒之藩⑤，路逢盗，劫之，皆醉，因执之，乃名擒奸酒。时人语曰："不畏张弓拔刀，惟思白堕春醪。"见《洛阳伽蓝记》⑥。

①瓮：小口大腹的陶制盛器。

②永熙：北魏孝武帝元修的第三个年号，历时 2 年。

③南青州：北魏孝文帝太和二十三年（499）改东徐州为南青州（今
　山东沂水一带），后南朝宋武帝永初元年（420）将南青州并入南
　兖州。

④刺史：汉代初设，负责监察郡县，宋元以后沿用为州郡长官的别称。

⑤毛鸿宾：北魏武将；赍（jī）：带着；之：往，到；藩：封建时代
　的封国、封地或边防重镇，这里指所封州郡。

⑥《洛阳伽蓝记》：又称《伽蓝记》，北魏杨炫之所撰，记录了北
　魏洛阳城各寺院的变迁、建筑规模以及与之相关的逸事奇谈，内
　容涉及历史、地理、佛学等，兼具文学性。

【解读】

　　魏晋南北朝时期出现了不少在我国酒史上具有深远影响的名
酒，其中白堕酒无论是在酒坛，还是在诗坛，总是熠熠生辉。北宋大
文豪苏轼曾称："偶逢白堕争春手，遣入王孙玉孱飞。"宋代谢逸
也在《游西塔寺分韵赋诗》中这样形容一位好友："君如苕溪女，
不妆有幽艳。又如白堕醪，虽久味愈酽。"在这里，白堕美酒的寓
意已扩散到人格领域。

　　白堕源于其酿造者的名字"刘白堕"，刘白堕乃北魏时期河东
郡人，所酿美酒轰动一时，享誉酒界。事实上，北魏时酒的度数依
然较低，夏季保存十分困难，更别说长途运输，而刘白堕所酿的酒
稳定性很高，酒的度数得到了大幅提高，能暴晒于阳光下十几天而
酒质不变，味道醇美，酒醉经月不醒。此段记载即反映了白堕酒含
有高出一般酒的酒精度，以至于那些强盗按常规饮酒，醉得不省人
事，最后被擒。

温克

《礼》①云："君子之饮酒也，一爵②而色温如也，二爵而言言斯，三爵而油油以退。"扬子云③曰："侍坐于君子，有酒则观礼。"

**【注释】**

①《礼》：《礼记》，又名《小戴礼记》，据传为汉代经学家戴圣所撰，共49篇，与《仪礼》、《周礼》合称"三礼"。
②爵：古代盛酒或温酒的礼器。
③扬子云：西汉扬雄。

**【解读】**

我国自古是礼仪之邦，"礼"在周朝即被纳入饮酒活动。吸取商人酗酒亡国的教训，周朝的统治者非常注重节制饮酒的必要性，向天下人发布《酒诰》，定下"德将无醉"的标准，警戒人们过量饮酒会"大乱丧德"，并规定酒为祭祀用品，人们只有在祭祀后或者某些特定场合才能喝酒，但不能酗酒。同时，周人对饮酒礼节的要求也十分严格，仅周公所制的酒礼就有"礼仪三百，威仪三千"，规定了长幼、主宾之间的饮酒秩序，另外酒器的种

《桃李园图》仇英（明）

　　此图描绘了四个文人于桃李芬芳的庭园中饮酒赋诗的场面，突出了君子畅谈而守礼的形象。

类、摆放、清洗等也都有讲究。

　　秦汉以后，礼乐文化越来越浓厚，出现大量类似《酒戒》、《酒德》、《酒觞》之类的文章，人们越来越重视饮酒的酒德问题，孔子曾提出"唯酒无量，不及乱"的观点。酒量的多少应视个体的体质而言，正如《礼记》所言，君子饮酒应保持神志清醒、言谈有礼。为了保证酒礼的执行，历代都设有酒官，如周有酒正、汉有酒士、晋有酒垂、南朝齐有酒吏、南朝梁有酒库垂、隋有良酝署，唐宋因袭传承。

温克

于定国①饮酒一石，治狱益精明。历代有萧宠、卢植、马融、傅玄、冯政、刘京、魏舒、刘藻②，皆饮酒一石而不乱。晋何充③善饮而温克。

## 【注释】

①于定国：字曼倩，东海郯县（今山东郯城西南）人，西汉丞相，为人谦逊、公正无私。

②卢植：字子幹，涿郡涿县（今河北涿州）人，东汉末年名臣；马融：字季长，扶风茂陵（今陕西兴平县）人，东汉学者、经学家，卢植是他的门徒；傅玄：字休奕，北地郡泥阳县（今甘肃省宁县西）人，西晋文学家；刘京：东汉光武帝之子，封为琅琊孝王；魏舒：字阳元，任城樊县（今山东济宁东）人也，晋代大臣；刘藻：字彦先，广平易阳人，北魏大臣。

③何充：字次道，庐江（今安徽舒城）人，东晋大臣。

## 【解读】

古人所作酒诗中多见"千石"、"千钟"等词，如黄庚《醉时歌》有"一饮一千石，一醉三千秋，高卧王城十二楼"。显而易见，这都是夸张地描述人的酒量之大，似乎"海量"是特别令人骄傲的事情。此种思想的形成，原因大概有二：一则酒性阳刚，酒量越大，大丈夫气概越足，不知不觉酒量与豪气、度量、胆识相等同，无论柔弱书生，还是沙场战士，对酒都有别样的情怀；二则善饮者常被看作是有酒德。"尧酒千钟"，圣人都有如此海量，引得后人纷纷效仿，认为酒量大则德行高。

魏邴原《别传》①曰：原旧能饮酒，自行②役八九年间，酒不向口。至陈留③则师韩子助，颍川则亲陈仲弓④，涿郡⑤则亲卢子幹。临归，友以原不饮酒，会米肉送原。原曰："早能饮酒，但以荒思废业，故断之耳。今当远别，因见贶饯⑥，可一饮乎？"于是饮酒终日不醉。

**【注释】**

①邴原：字根矩，北海朱虚（今山东潍坊）人，东汉末大臣，初为孔融所举荐，后臣于曹操；《别传》：《邴原别传》，现已失传，部分见于《三国志》裴松之的注释中。

②自行：出门游学。

③陈留：郡名，在今河南省开封一带，曹操曾在此起兵。

④颍川：郡名，在今河南许昌一带，相传为大禹的故乡，夏朝都城所在；陈仲弓：陈寔，仲弓是他的字，颍川许县（今河南许昌）人，东汉大臣。

⑤涿（zhuō）郡：郡名，今河北涿州一带；卢子幹：卢植。

⑥贶（kuàng）饯：送别。

**【解读】**

邴原十一岁时丧父，生活艰难，但他酷爱学习，从私塾前路过时听到朗朗书声不禁悲从中来，哭泣不止。私塾先生问其原因，邴原答道："我羡慕他们既有双亲，又能读书。"先生可怜邴原的遭遇，自此邴原才获得学习机会。邴原进了学堂后异常努力，一个冬天就读熟了《孝经》和《论语》。而邴原在出门游学前的八九年间，

酒之美

为了不荒废学业，压制自己爱喝酒的天性，勤奋治学，最终学有所成，成为与管宁、华歆齐名的三国名士。能够克制自己长时间不沾滴酒，邴原确实是有着强烈的意志力与极高的德行，实为嗜酒却不知节制之人学习的典范。

邴原喝酒而能克制有礼，不仅体现在游学期间，也在为官任职之时。曹丕还是太子时，有次宴请宾客，酒酣耳热之际，曹丕出了一道题："君父各有笃疾，为药一丸，当救君邪？父邪？"众人多在太子面前表露忠心，唯邴原一言不发。曹丕觉得奇怪，专门询问邴原药丸究竟该给谁？邴原如实答道："父亲！"后来，邴原担任五官将长史，更是闭门自守，不轻易与人外出饮酒。

《郑玄别传》①：马季长②以英儒著名，玄往从参考异同，时与卢子幹相善。在门下七年，以母老归养。玄饯之，会三百余人皆离席奉觞。度玄所饮三百余杯，而温克之容，终日无怠。

【注释】

① 《郑玄别传》：郑玄著，现已失传。郑玄，字康成，北海高密（今山东高密）人，东汉经学家，与卢植同拜马融为师。
② 马季长：马融。

【解读】

　　与邴原相比，郑玄的好学程度绝不逊色，他在外游学十几年，先后拜多人为师，总是学到老师没有更多的东西可教之后才离开。马融当时盛名在外，向他拜师的人很多，然而，马融虽学识渊博但有些自负，郑玄拜其门下，三年不得见面，但郑玄并不气馁，日夜研习，最后终得机会向马融请教了各种疑难问题。

　　在马融门下学习七年，郑玄因母亲年老而要奉养才告辞回家。在为郑玄饯行时，有三百多人都离席向郑玄敬酒。郑玄喝了三百多杯酒，但他仍然克制有礼，始终没有懈怠。可见，郑玄是真正好学善饮之人，不负一代经学大师的盛名。同时郑玄为人重操守、气节高，当时许多人都很敬仰他，刘备曾拜他为师，孔融也对他推崇备至，不仅为其修葺庭院，还在郑玄故里特立"郑公乡"。

> 孔融好饮能文，尝云："座上客常满，尊中酒不空，吾无患矣。"

## 【解读】

　　孔融四岁让梨可谓妇孺皆知，但孔融好酒之事，知晓的人却不是很多。三国时曹操禁酒以缓解粮食紧张问题，以孔融为代表的饮中豪杰强烈反对。孔融因此写了两篇《难曹公表制酒禁书》，以调侃不恭的笔调，对曹操的禁酒令发出责难。

孔融像

　　在文章中，孔融站在饮酒之人的立场上，以历史人物因酒成大事为线索，赞美、歌颂酒之功。不仅如此，孔融还从更深层次的角度出发，认为禁酒是群体规范对个体自由的束缚，是对个性张扬的压抑。孔融的不畏强权、耿介直言，让人钦佩有加，但从政治角度看，曹操所为也情有可原。当时正值战事频繁时期，魏蜀吴三国都多次下令禁酒，而声名卓著的孔融公开反对禁酒令，影响了禁酒政策的实施，因而让曹操心生忌恨，终招致大祸而被杀害。

裴均在襄阳①会宴，有裴弘泰后至。责之，谢曰："愿赦罪。"而取在席之器，满酌而纳其器。合座壮之。又有一银海②，受酒一斗余，亦釂而抱海去。均以为必腐胁而死，使觇③之，见纱帽箕踞④。秤银海，计重二百两。

**【注释】**

①裴均：字君齐，绛州闻喜（今山西闻喜北）人，唐代大臣；襄阳：今湖北襄阳市。
②银海：古代一种容量很大的银质饮器。
③觇（chān）：察看。
④箕踞（jī jù）：随意张开两腿坐着，形似簸箕，属于没有礼数的坐姿。

**【解读】**

从这个逸闻可以看出，自古以来酒桌上就有迟到罚酒三杯的规矩，而迟到者裴弘泰把整桌酒都喝尽后，抱着重达20斤的银海就走了，醉得可谓不轻。唐代饮酒之风盛行，酒席上讲究主宾互相敬酒，饮酒、劝酒方式皆有礼仪要求。席间饮酒，在座之人都可互相敬酒，敬酒时需用手指伸入杯中蘸一下弹出去，以示敬意。最有趣的是"酒纠"的出现，它是酒席上出现的为了维持秩序的"职位"，进行各种宴席游戏，专职纠正酒桌上的违纪现象，看来裴弘泰即使不自己主动负荆请罪，宴席上的"酒纠"自然也会找他"麻烦"了。

温克

李白每大醉为文，未尝差误。与醒者语，无不屈服。人目为醉圣。乐天①在河南，自称为醉尹。皮日休自称醉士。

【注释】

① 乐天：唐代诗人、文学家白居易的字。白居易号香山居士，又号醉吟先生，新乐府运动的主要倡导者，代表作有《长恨歌》、《卖炭翁》等。

【解读】

唐代的酒世界缤纷多彩，特别是文人才子与酒结合后，更增加了酒的灵性。在文人面前，酒、诗互为一体，交相辉映，美酒也成了文人笔下的一首首绝唱。

李白一生与酒结下了不解之缘，杜甫曾说"李白一斗诗百篇，长安市上酒家眠，天子呼来不上船，自称臣是酒中仙"。李白爱酒已经到了一种境界，在其现存的1000多首诗中，有关酒的就达200首。在这些酒诗里，李白或月下独酌，或花间品酒，无论人生得意时刻，还是困顿无助之际，都有美酒相伴，正是所谓的"人生得意须尽欢，莫使金樽空对月"，其豁达、洒脱之情油然可见。

《太白醉酒图》苏六朋（清）
　　此图描绘的是李白醉酒于唐玄宗宫殿之内，由内侍二人搀扶侍候的情景。

李白饮用的酒类非常多，诗中频繁出现的当属春酒、新丰酒、鲁酒等。春酒又名"冬醪"，是冬天酿造、春天饮用的一类酒，"解我紫绮裘，且换金陵酒"中的"金陵酒"就属于春酒。新丰酒相传出现于汉刘邦统治时期，在唐朝闻名天下，"多沽新丰醑，满载剡溪船"说的就是李白对新丰酒的感受。鲁酒出产于山东中南部，李白曾游历此地，对鲁酒赞扬有加。"兰陵美酒郁金香，玉碗盛来琥珀光。但使主人能醉客，不知何处是他乡。"与晶莹通透的玉碗相映，香气氤氲的鲁酒泛着琥珀色的光芒，让李白沉醉其间。

　　白居易写酒的诗篇数量与李白相当，但其爱酒之情不似李白那样狂热，对酒的感情趋向于爱而不痴。白居易饮酒，常有诗、琴相伴，曾有"琴罢辄举酒，酒罢辄吟诗。三友递相引，循环无已时"之句。可见白居易是一个懂得享受之人，喝酒注重雅趣。

　　开元①中，天下康乐。自昭应县至都门②，官道③之左右，当路市酒，钱量数饮之。亦有施者，为行人解乏，故路人号为歇马杯，亦古人衢尊④之义也。唐王元宝富而好施，每大雪，自坊⑤口扫雪，立于坊前，迎宾就家，具酒暖寒。

【注释】

①开元：唐玄宗李隆基的年号（713—741）。由于开元期间玄宗励精图治，天下大治，史称"开元盛世"。

②昭应县：今陕西临潼；都门：都城的城门。

③官道：公家修筑的道路。

④衢（qú）尊：亦作"衢樽"，沿路设酒，行人自饮。

⑤坊（fāng）：唐代有坊市制度，坊为居住区，市为商业区。

**【解读】**

　　唐代开元盛世期间，政治清明、百姓安居乐业，各行各业发展迅速，再加上唐初无酒禁，因而大小酒肆遍布城乡。作为都城，长安城内的酒肆更是鳞次栉比，酒旗高扬，特别是青门一带的酒肆尤为集中，亲友送别总要在青门聚饮一番，成为都城的一大人文景观。唐代时，酒肆里还出现少女卖酒的情形，妙龄女子利用美貌姿色作为吸引酒客的手段。唐代也有免费为行人提供酒的善举，如商人王元宝就为路人提供温酒。王元宝靠琉璃发家，富可敌国，他常做善事，每年科举前都会设宴款待士子，平日也常常邀请四方名士相聚畅谈，朝廷的很多名士都出自他的门下。据说民间正月初五拜财神、吃发菜等民俗都起源于王元宝。

　　梁谢谖①不妄交，有时独醉，曰："入吾室者，但有清风，对吾饮者，惟当明月。"

**【注释】**

①谢谖：南朝名士，父谢朏，曾任右光禄大夫、晋安太守。

**【解读】**

　　聚友宴饮是人生之乐，但月下独酌何尝不是一件乐事？人生得一知己实非易事，得之是幸，不得则与清风明月相伴，加上美酒作陪，也是雅致非凡。自南朝梁的谢谏之后，清风明月逐渐发展为成语，亦作"清风朗月"，用来形容清闲舒适的环境，也可以比喻士人孤傲清高的风致。古人诗文中围绕清风明月、清风朗月也创作了不少名句，如宋代林正大的《水调歌》有"自身清风明月，刚道不须钱买，对此玉山颓。水自东流去，猿自夜声哀"。

> 宋沈文季为吴兴太守①，饮酒五斗，妻王亦饮酒一斗，竟日对饮，视事不废。

**【注释】**

① 宋：指南朝刘宋（420—479），南朝的第一个王朝，由刘裕建立，后被南齐取代；沈文季：字仲达，吴兴武康（今浙江德清西）人，南朝宋、齐两代臣子；吴兴：郡名，今浙江湖州一带。

**【解读】**

　　魏晋时期的善饮之人比比皆是，沈文季并不是一个特例，但沈文季与妻整日对饮，却不耽误正事，能力可见一斑，实为饮酒之人的典范。沈文季之妻王氏能喝上一斗酒，作为女酒客在历史上也算屈指可数。

　　在古代著名的懂酒又能喝酒的女客里，不得不提到西汉才女卓文君。卓文君是巴蜀临邛富户卓王孙的女儿，貌美如花，擅长鼓琴，后与家境贫寒的司马相如私奔。为了生活，司马相如卖掉唯一的车马，换成钱财，和卓文君一起开了一家小酒铺。卓文君卖酒，司马相如则整日在酒铺中清洗酒具等。虽然二人生活艰苦，但每有空闲，则对饮成欢，作诗弹琴，生活别有情调。

另一位史上有名的女酒客李清照可谓是无酒不欢，她所作的诗词里有一半提及酒字，如《声声慢》中有"三杯两盏淡酒，怎敌他晚来风急？雁过也，正伤心，却是旧时相识"。李清照虽然生在官宦世家，但一生遇到了诸多不幸，先后经历亡国、丧夫、牢狱之灾。在孤苦遭遇之下，酒成了她最好的伴侣。

> 五代之乱，干戈日寻。而郑云叟①隐于华山，与罗隐②终日怡然对饮，有《酒诗》二十章。好事者绘为图，以相睨遗。

**【注释】**

①郑云叟：郑遨，云叟为其字，滑州白马（今河南滑县东）人，唐末五代诗人、隐士。

②罗隐：字昭谏，馀杭（今浙江余杭）人，唐代文学家。

**【解读】**

五代是我国历史上战争频发时期，短短54年间，中原先后出现五个朝代，其中后梁维持时间最长，但也只有17年。政权的屡屡更迭，带来频繁的兵戎战争，百姓生活于水深火热之中。乱世当中，武夫当道，文人受到压迫，郑遨与罗隐等有志之士也只能归隐山田，避开世间杂事，饮酒赋诗，偷得一时欢乐。

乱
德

> 小说①云：纣为糟丘酒池，一鼓而牛饮者三千人，池可运船。

**【注释】**

①小说：一指那些不合经艺大道之说，二指特殊的文类，即记载逸闻的杂著。这里取第二个意思。

**【解读】**

酒不但是滋养人心的美味，也可成为祸国殃民的毒药。世人皆知商纣王暴虐无道，但他天资聪颖，才力过人，敢空手斗野兽，力拽九牛而面不改色。即位之初，商纣王也曾励精图治，御驾亲征，力退东夷，并将版图扩展到江淮地区，实现国盛民富。但打江山容易，守江山难，日益增长的骄横情绪侵蚀了商纣王的宏图伟志，他逐渐沉溺于长夜之饮，与妲己寻欢作乐。

后世对商纣王贬过于褒，当然也有人认识到他的贡献，郭沫若就曾说过："实际，这个人是个了不起的人才，对于中华民族的贡献非常之大……中华民族之能向东南部发展，是纣王的功劳。"

《冲虚经》①云：子产②之兄曰穆，其室聚酒千钟，积曲成封，糟浆之气，逆于人鼻。方荒于酒，不知世道之安危也。

【注释】

①《冲虚经》：又名《列子》，共八篇，是道家的重要典籍，现存的《列子》被大部分学者认为是伪书。
②子产：公孙侨，字子产，郑穆公之孙，春秋末期郑国的政治家、思想家。

【解读】

　　此处文字出自《列子》，但与原文略有出入。原书中记载子产为郑国宰相，位高权重，助国君把郑国治理得井井有条。但子产有兄长名公孙朝，有弟名公孙穆，公孙朝好酒，公孙穆好色。为了让两个兄弟不再枉顾世道安危，终日只知饮酒作乐，子产以礼仪之道劝诫二人。但是两人却认为人生短暂，贵在穷尽当下乐趣，礼仪荣辱是外在之物。子产听了之后，一时竟不知如何应对。

　　公孙朝和公孙穆的话虽然不无道理，但追求个人自由、享受快乐要在恰当的时机，同时也要做好自己的本职事情。

《史记》纣及齐威王①，《晋书》司马道子、秦苻坚、王悦②，皆为长夜饮。

【注释】

①齐威王：战国时齐国国君，名田因齐，在位37年（约前356—前320）。

②《晋书》：中国的二十四史之一，唐太宗时期由房玄龄主持编撰，全书共132卷，现存130卷。此书主要记载东晋、西晋的史事；司马道子：东晋简文帝之子，孝武帝亲弟；苻坚：字永固，名文玉，略阳临渭（今甘肃秦安）人，十六国时期前秦的君主，在位28年（357—384）；王悦：字长豫，琅琊临沂（今山东临沂）人，东晋丞相王导的长子。

【解读】

商纣王之后，虽然很多朝代都下过禁酒令，以防止因纵酒而亡国殒身的事件再度发生，但仍有人沉迷于长夜之饮。如齐威王、苻坚、司马道子、王悦等人都曾通宵达旦地纵饮，这些人中有的迷途知返，有的以酒怡情，有的却因酒误国。

战国时的齐威王"好为淫乐长夜之饮，沉湎不治"，不理政务，但后来采纳贤臣之言，杀奸臣，大治齐国，终没有落得亡国地步，还

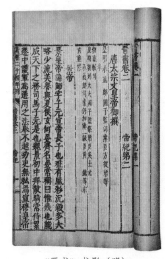

《晋书》书影（明）

一度称霸中原。十六国时期的前秦君主苻坚，身为外族帝王，不可避免地喜爱饮酒吃肉，同时其励精图治之名在史上也广为流传，实行新政、重用汉人王猛，使国家强盛。而东晋的司马道子则是个饮酒误国的悲剧例子，在他掌管政事期间，整日沉溺于酒醉，昏庸不作为，致使东晋迅速朝着灭亡趋势发展。身为东晋丞相王导之子的王悦，为人谦和缜密，以饮酒为雅趣，深得父亲喜爱，只可惜英年早逝。

楚恭王与晋师战于鄢陵①而败，方将复战，召大司马子反②谋之。子反饮酒醉，不能见。王叹曰："天败我也。"乃班师而戮子反。

**【注释】**

①楚恭王：又作楚共王，春秋时期楚国国君，在位31年（前590—前560）；鄢陵：今河南鄢陵县。

②大司马：古代执掌军事的官职；子反：公子侧，子反为其字，春秋时期楚穆王之子，楚庄王的兄弟。

**【解读】**

此事在《春秋左氏传》里有详细记载：楚恭王与晋厉公在鄢陵激烈交战，楚恭王负伤，于是主将子反督战。在督战期间，子反觉得口渴，随从谷阳递上一碗酒，子反断然拒绝，但谷阳反复劝言，夸赞酒之醇美。子反在当时是著名的酒鬼，抵挡不住美酒的诱惑，以酒作水喝下肚，喝了一碗又一碗，终在战事当前大醉不醒，误了战机。交战失利的楚恭王想要再战，遂召见子反商量战策，见子产酒醉而不能议事，勃然大怒，下令处死子反，并班师回朝。

　　子产不能克制自己嗜酒的天性，致使作战失败，自己身首异处，警示了人们要在恰当的时候饮适量的酒。而随从谷阳是真的无知，单纯为了解子反的酒瘾，还是敌方派来的奸细就不得而知了。

即使是一碗酒也要在恰当的时机喝（图片提供：微图）

> 郑良霄为窟室而昼夜饮①，郑人杀之。

【注释】

①良霄：字伯有，春秋时期郑国大夫；窟室：地下室，后借指畅饮欢娱之所。

【解读】

　　此事见于《左传·襄公三十年》。郑国的大夫良霄为人固执，生活奢侈，又与公孙黑争夺帝位。每日早朝时，大臣要先拜见良霄，然后才能朝见国君。但良霄并不是贤能之才，终日沉迷酒色，并在家里挖了一个地下室专供饮酒作乐。大臣前往拜见时，良霄却仍沉醉在美酒之中，引发贵族不满。后来，与良霄素有愁怨的子皙带领兵将甲士，攻打、火烧良霄宅第，醉酒的良霄被家臣救出才免于一死。酒醒之后，良霄才明白事态严重，遂逃往他国。良霄酒醉至如此程度，实乃糊涂之人。

《三辅决录》①：汉武帝自以为功大，更广秦之酒池、肉林，以赐羌胡②，而酒可浮舟。

**【注释】**

①《三辅决录》：又名《三辅录》，东汉赵岐撰，原书共七卷，现已失传。
②羌胡：古代的羌族、匈奴族，也可泛称西北地区的少数民族。

汉武帝宴饮场景（图片提供：微图）

【解读】

汉武帝刘彻在历史上有着极为重要的影响，在位期间革新政治，重视生产发展，使汉朝成为当时世界上最强大的国家，其功业之大不用赘述。但汉武帝好大喜功，为了彰显国家富裕，设置酒池、肉林款待西域来客。此事除了在《三辅决录》中有记载，在史书里也多有记录，如《汉书·张骞传》载："行赏赐，酒池肉林，令外国客遍观各仓库府臧之积，欲以见汉广大，倾骇之。"《汉书·西域传》载："设酒池肉林以飨四夷之客。"

《魏志》①：徐邈②字景山，为尚书郎③。时禁酒，邈私饮沉醉。赵达④问以曹事，邈曰："中圣人⑤。"达白太祖⑥，太祖怒。渡江将军鲜于辅⑦进曰："醉客谓酒清者为圣人，浊者为贤人，此醉言尔。"

【注释】

①《魏志》：又名《魏书》，中国史书《三国志》中记载魏国历史的部分。
②徐邈：三国时期的魏国重臣，燕国蓟（今北京市附近）人。
③尚书郎：古代官职名，东汉始置，在皇帝左右处理政务。
④赵达：三国时方士，南郡（今河南洛阳）人。
⑤中圣人：又称"中圣"，指饮酒而醉，是酒醉的隐语。
⑥太祖：曹操，太祖为其庙号。
⑦鲜于辅：三国时期的魏国将军，幽州渔阳（今北京密云）人。

【解读】

徐邈是才博气猛之人，在曹操下令禁酒期间，依然私下饮酒至醉，惹得曹操大怒，幸好有鲜于辅为他说情才免于责罚。此事与前文提到的孔融反对禁酒而招致杀身之祸不同，曹操不仅没有惩罚徐邈，反而随后就让他出任陇西太守。这一方面源于曹操的爱才、惜才之情，同时也可看出禁酒政策的执行并不是非常严格。

事情并未就此结束，曹丕称帝后，一次巡游见到徐邈，又拿"中圣人"之事调侃徐邈。徐邈深知眼前之人已不是当年的曹操，不敢大意，答曰："昔子反毙于谷阳，御叔罚于饮酒，臣嗜同二子，不能自惩，时复中之。然宿瘤以丑见传，而臣以醉。"意思是子反因谷阳而死，御叔因饮酒而受罚，而自己爱酒如同这二人，不能自制，但却因为醉酒而为陛下认识。此番言语不乏自嘲和幽默之感，体现了徐邈的智慧圆润，曹丕听后大悦，又提升他的职位。

《三十国春秋》①曰：阮孚为散骑常侍②，终日酣纵。尝以金貂③换酒，为有司所弹。

【注释】

① 《三十国春秋》：记载魏晋时期历史的史书，此书有两种，一为南梁萧方等撰，共 31 卷，二为唐代武之敏撰，共 100 卷，现均已亡佚。

② 阮孚：字遥集，西晋陈留尉氏（今属河南）人，"竹林七贤"之一阮咸之子；散骑常侍：官名，为皇帝左右侍臣，负责规谏过失。

③ 金貂：汉以后皇帝左右侍臣的官帽，冠饰上配以黄金和貂尾。

**【解读】**

阮孚出身名门士族，乃阮咸与胡婢所生。曾祖阮瑀是"建安七子"之一，才智过人，出仕于曹操，曾在马背上立拟文书，为曹操大赞。叔祖阮籍博览群书，不拘礼法，名扬天下。

在家族的熏陶下，阮孚尚武习文，性情豁达潇洒。阮孚前半生在两晋朝廷都任有官职，东晋元帝司马睿尤为尊崇他，对于阮孚嗜酒不理政务纵容不加干预，甚至连劝说阮孚少量饮酒的人也被委婉反劝。晋明帝司马绍时期，阮孚因在平定王敦叛乱中有功，受到司马绍宠信，但阮孚却托病拒不接受行赏。

关于阮孚还有一件趣事。当时镇西将军祖逖之弟祖约好财，阮孚好屐，同僚们都认为他们沉溺于不正之事，荒废时日，二人相较好坏难以评判。有好事之徒分别到二人家中走访，来到祖约家中，他正整理财物，见有人来了立马用身子遮掩。而走访阮孚时，他正给木屐亲手打蜡，有人出现也不以为意，悠闲自得地说："人的一生能穿几双木屐啊。"虽是趣闻，但二人水平已见分晓。

晋成帝司马衍继位后，危机四伏，阮孚主动请求调往地方，任职途中假意暴病而亡，实则归隐明招山，开启了新的人生旅程。到明招山后，阮孚隐姓埋名，踏着蜡屐游山玩水，生活恣意潇洒。

《裴楷别传》①曰：石崇与楷、孙季舒②宴酣，而季舒慢节过度。崇欲表之，楷曰："季舒酒狂，四海所知。足下饮人狂药而责人正礼乎？"

**【解读】**

《裴楷别传》一书虽已亡佚，但关于裴楷之事在《晋书·卷三十五》、《世说新语》等书中也有记载。裴楷一表人才，气质不凡，被称为"玉人"，而且精通《老子》、《周易》，崇尚放达自然，也擅长理辩思想，上文正是其活跃思维的体现。裴楷善辩，不仅体现在朋友之间，也在帝王面前。如晋武帝擅长占卜算卦，登基时为西晋世数占卜，得"一"字后面露震怒，大臣们相顾失色，唯裴楷出言："天得一以清，地得一以宁，侯王得一以为天下正。"三言两语化解尴尬，君臣皆喜。

美人敬酒

至于富豪石崇，饮酒时喜欢酒妓作陪，常令美人行酒，客人饮酒不尽者，就要斩杀美人。一次石崇与丞相王导、将军王敦共饮，王导素来不善饮，但怜香惜玉，喝得大醉，而王敦却故意不饮，直到石崇连杀三人才端起酒杯。

乱德

> 宋孔颙①使酒仗气，弥日不醒，僚类之间，多
> 为凌忽。

**【注释】**

①孔颙：字思远，会稽山阴（今浙江绍兴）人，南朝刘宋大臣。

**【解读】**

《宋书》中有关于孔颙的传记。孔颙嗜酒，经常喝得酩酊大醉，由于他从不曲意奉承非同道中人，因而在醉酒不醒时，同僚对他多有轻慢欺凌。但孔颙却不误政事，清醒时断案从未出过纰漏，故当时人们都称赞他"孔公一月二十九日醉，胜他人二十九日醒也"。孔颙一生清贫，视钱财为身外之物，唯酒是他的最爱，临终前仍然求酒，道："此是平生所好。"

> 汉末，政在奄宦。有献西凉州①葡萄酒十斛于
> 张让②者，立拜凉州③刺史。

**【注释】**

①西凉州：北魏孝明帝始设，领七郡，后西魏废帝三年（554）改西凉州为甘州，领张掖、酒泉两郡。

②张让：东汉末年的大宦官，颍川（今河南禹县）人，十常侍之首，独霸朝纲。

③凉州：汉武帝刘彻设置的十三刺史部之一，辖地在今宁夏、甘肃和青海部分。

## 【解读】

宦官是我国历史上存在的特殊群体，本属于内廷侍从，不能干预朝政，但很多朝代都出现过宦官专权的局面。东汉宦官张让七岁进宫，自小学会察言观色，深得同龄的汉桓帝的宠信，后爬为十常侍之首，献媚邀宠，哄得汉灵帝常谓"张常侍是我父"。张让掌权期间铲除异己、疯狂敛财，怂恿汉灵帝修建"田园卖官所"，公开卖官敛财，这才出现了孟佗以十斛葡萄酒换得凉州刺史之事。

在"卖官所"，刺史一职是标价两千石的高官，以十斛（约1000升）葡萄酒就可换得，足见葡萄酒在当时弥足珍贵。葡萄酒在我国古代不是主要的酒类品种，《史记》中首次提到葡萄酒是汉武帝时期的张骞出使西域时所见。据这一例史料记载，当时西汉已学习并掌握了葡萄酒酿造技术，但由于种植条件的限制，葡萄酒的酿造并未自此传

敦煌莫高窟壁画中的"张骞出使西域图"

播开来，很长一段时间中原地区所饮葡萄酒多为西域进贡。直到唐代，内地才开始试酿葡萄酒，饮用范围才越来越广泛，受到了文人雅客、军旅之人的普遍欢迎，唐诗人王翰有云："葡萄美酒夜光杯，欲饮琵琶马上催。醉卧沙场君莫笑，古来征战几人回。"西凉州位于河西走廊，适合大规模种植葡萄，唐朝时期出产了大量优质葡萄酒，进入宫廷御酒行列，杨贵妃就曾对西凉州所产葡萄酒青睐有加。

元魏①时，汝南王悦兄怿为元叉②所枉杀，悦略无复仇之意，反以桑落酒遗之，遂拜侍中③。

【注释】

①元魏：北魏，魏孝文帝迁都洛阳后，改姓为元，史称元魏。

②悦、怿：元悦为汝南王，元怿为清河王，二人都为北魏孝文帝之子；元叉：又名元义，字伯隽，江阳王元继的长子。

③侍中：官名，秦代始设，初为直接供皇帝差遣的散职，西汉后地位渐高，为皇帝左右侍从，元以后废止。

桑落酒

【解读】

史料记载元悦此人信奉道术，好男色，曾痛打王妃阎氏并把她赶出家门，为了富贵不顾弑兄之仇，以桑落酒讨好仇家，为后人谴责与不齿。不过桑落酒确是名酒，有"色比琼浆犹嫩，香同甘露仍春"之称，备受世人称赞。

《韩子》①云：齐桓公②醉而遗其冠，耻之，三日不朝。管仲③因请发仓廪赈穷三日，民歌曰："公何不更遗冠乎？"

【注释】

① 《韩子》：又名《韩非子》，先秦时期法家代表人物韩非所著，共 20 卷，为先秦法家思想的集大成之作。
② 齐桓公：春秋时期齐国国君（前 685—前 643），任人唯贤，推行改革，使得国富民强，成为春秋五霸之首。
③ 管仲：名夷吾，字仲，颍上（今安徽省颍上县）人，春秋时期齐国的政治家，任齐国上卿，辅佐齐桓公成就春秋霸业。

【解读】

齐桓公嗜酒，常在朝中大设宴席，开怀畅饮，酒过数巡竟将冠冕掉落在地，有失君王身份，管仲以此劝谏齐桓公开仓赈济百姓、放掉罪轻的囚犯。这个故事常被作为治国与管理中的正面例子。但从另一个角度看，救济穷人是保障社会安定之举，但君主因为自己醉酒失德而赈济百姓、大赦天下，有混乱国家纲纪之嫌。虽然齐桓公洗刷了丢冠的耻辱，短期也获得了民心，但如此一来民众想到的是君主为何不再丢一次帽子，希望再从君主的言行失德中来获得赏赐，不利于一国的长治久安。

乱德

晋阮咸①每与宗人共集，以大盆盛酒，不用杯勺，围坐相向，大酌更饮。群豕来饮其酒，咸接去其上，便共饮之。

【注释】

①阮咸：字仲容，西晋陈留尉氏（今属河南）人，为阮籍之侄，"竹林七贤"之一。

【解读】

阮咸，与阮籍并称"大小阮"，任性放达，性喜酒，在竹林七贤中虽然名声、官位都不如其他几位显赫，但精通音律，擅长弹奏琵琶，还有一种以"阮咸"命名的乐器，发展至今已成为包括高音阮、小阮、中阮、大阮及倍大阮等的乐器组，其音色细腻圆润、韵味悠长。

阮咸塑像（图片提供：微图）

阮咸的放达不羁不仅体现在与猪共饮之事，在爱情方面亦是如此。阮咸私下里与姑姑的婢女相好，后来婢女随其姑姑出嫁，阮咸立即策马追回婢女，与她同乘一匹马回来，二人后有一子阮孚。《晋书·阮咸传》中还有一个"阮咸曝裈"的故事。每年七月七日，古人便把家中衣服拿出来晾晒，防止发霉，富人们都很期待这个日子，穷人则避之不及，因为富人的衣服都是绫罗绸缎，穷人只能自惭形秽，但阮咸却旁若无人地晾出自己的破裤子，令人惊叹佩服。

晋文王欲为武帝①求婚于阮籍，醉不得言者六十日，乃止。

【注释】

①晋文王：司马昭，字子上，河内温县（今河南温县）人，因受封晋王，谥号"文"，故称晋文王；武帝：晋武帝司马炎，西晋开国皇帝，为司马昭之子。

【解读】

魏晋之交，许多名士都死于曹氏和司马氏的政权争夺中，包括阮籍的好友嵇康等人。而阮籍却在司马氏手下任职15年直到终老，无性命之忧，与他的为人处世风格有很大关系。阮籍虽然性情豁达，但十分谨慎，尤其在司马昭面前。史料记载，司马昭曾称赞阮籍的谨慎，每次聊天说的都是深远玄虚之事，从不评论时事，不关乎个人。当司马昭为儿子司马炎向阮籍提亲时，阮籍表现得愈发小心，以大醉60天来逃脱此事。事实上，阮籍的妻子是曹魏公主，而当时司马氏正大肆清除异己，曹魏大势已去，联姻无疑能提升阮氏的家族地位。但阮籍并不被当前的利益蒙蔽，后来的事实也证明阮籍的抉择非常明智。司马炎死后，其正室全家惨死。在动乱时代，文人心有余而力不足，阮籍只能以酒醉来明哲保身。

乱德

胡毋辅之①等方散发裸袒，闭室酣饮已累日。光逸②将排户入。守者不听，逸乃脱衣露顶，于狗窦中叫辅之。遽③呼入，与饮，不舍昼夜。

【注释】

①胡毋辅之：字彦国，晋代泰山奉高（今山东泰安）人，曾任将军、太守之职。
②光逸：字孟祖，青州乐安（今山东博兴）人，生活于两晋交替之时，后投入胡毋辅之门下。
③遽：马上。

【解读】

光逸家境贫寒，但很有才学，奈何一直不遇知己，直到被胡毋辅之发现才终得以举荐。二人还同时喜好饮酒，结为知己不亦乐乎。此文即讲述了光逸与胡毋辅之喝酒的事。当胡毋辅之等人披散头发、关门畅饮期间，光逸前来拜访而不得见，于是他脱掉衣服露着头顶，在狗洞里叫胡毋辅之。胡毋辅之听到后，立马让光逸进门，一起喝酒，日夜不停。后人将这种饮酒方式戏

《进酒图》周璕（清）

称为"犬饮"。

胡毋辅之嗜酒成性，纵饮而不务政事，结交了一堆酒友，如阮孚、羊曼等八人，时称"兖州八伯"。胡毋辅之虽然总是泡在酒坛里，但是有识人之才。在一次河边饮酒的聚会上，胡毋辅之让同行的王子博生火取暖。王子博不愿受他差遣，胡毋辅之也并未恼怒，后与王子博交谈中，知其才识过人，于是举荐王子博做了河南尹乐广。因乐于提拔人才，胡毋辅之被好友王澄称赞为"吐佳言如锯木屑，霏霏不绝，诚为后进领袖也"。

唐进士郑愚①、刘参、郭保衡、王仲、张道隐，每春选妓三五人，乘犊小车，裸袒园中，叫笑自若，曰颠饮。

**【注释】**

①郑愚：番禺（今广东香山）人，唐开成二年（837）进士，入为礼部侍郎，终尚书左仆射。

**【解读】**

此事可见王仁裕的《开元天宝遗事·颠饮》。进士郑愚、刘参、郭保衡等于春天携妓外出游玩、聚饮，在园中裸着身体，无拘无束欢笑呼喊，称为"颠饮"。

唐代社会风气开放，文人召唤妓女外出陪酒、陪游，已是当时民间社交圈中的正常现象，也是文人酒客们十分喜爱的一种饮酒方式。

应邀相陪的大多是年轻貌美的妓女或女艺人，她们的参与使得气氛更加高昂活跃，乘着酒兴，还时常发生些风流韵事，流芳百世，传为佳话。白居易有诗云："樱桃樊素口，杨柳小蛮腰"，描述的就是他最喜爱的两名妓女。

元魏时，崔儦①每一饮八日。

【注释】

①崔儦（biāo）：字岐叔，南北朝清河东武城（今河北武城）人。

【解读】

崔儦嗜酒能一饮八日，读书之勤也不下于饮酒，他以读书为务，恃才傲物，曾在门上刻"不读五千卷者，无得入此室"。崔儦出任员外散骑侍郎期间，越国公杨素曾带着重礼为儿子向崔儦提亲，没想到崔儦穿得破破烂烂骑着驴就过来了，酒席上傲慢无礼，又出言不逊，惹得杨素大怒。数日之后，崔儦上门道歉，杨素又待他如初。

三国时，郑泉①愿得美酒满一百斛船，甘脆置两头，反复没饮之，惫即往而啖肴膳。酒有斗升减，即益之。将终，谓同志曰："必葬我陶家之侧，庶百年之后化而为土，或见取为酒壶，实获我心。"

【注释】

①郑泉：字文渊，陈郡（今河南淮阳）人，三国人物，博学多才，在吴国孙权下任郎中。

【解读】

三国时，著名的酒徒北有孔融，南有郑泉。郑泉可谓酒中奇人，平生最大的心愿竟是要一艘装满美酒佳肴的船，喝一斗补一斗，永远保持酒是满的。此外，他还要与酒生死相依，死后化作泥土也要与酒在一起。

斟酒

郑泉出仕孙权期间，常常谏言。但他充分掌握了劝谏之道，能言善辩。一次郑泉惹怒孙权，要被砍头。侍卫拉着他往外走，郑泉一步三回头，孙权问："你不是不害怕我生气吗，为什么还要回头？"郑泉答道："我这不是害怕，是想答谢您的恩德，您这么圣明，怎么会斩了我呢？"这话逗得孙权十分高兴，下令免其惩罚。

晋人周颉①过江，积年恒日饮酒，惟三日醒。时人谓之"三日仆射"②。

【注释】

①周颉：字伯仁，汝南安城（今河南正阳）人，生活于两晋交替之时。
②仆射（yè）：官名，秦代始设，汉代后职权渐重，仅次于尚书令，
　唐、宋时为宰相之职。

【解读】

　　长达16年的八王之乱后，西晋灭亡，匈奴族刘曜攻入洛阳，烧杀抢掠，史称"永嘉之乱"。西晋的司马氏政权被迫南迁，建立东晋。匈奴、鲜卑、羯、胡、氐、羌等部族趁机大举入侵，建立了16个小国，开启中国历史上黑暗的十六国南北大分裂时期。在此期间，中原战乱不休，大量士族和普通百姓被迫南迁至江左一带，史称"永嘉南渡"。

　　周颉、王导等人在南渡后，身居东晋要职。当时朝

《毕卓盗酒图》齐白石（近代）

政动荡，北方胡族虎视眈眈，东晋许多官员沉浸在颓废、失意的情绪中。早年颇有雅望的周颚也是如此，整日醉酒，一周只有三天是清醒的，因而被称为"三日仆射"。不过周颚的酒量极大，能饮酒一石，过江后偶有老友相聚共饮二石酒，等周颚酒醒了，才发现老友已"腐胁而死"。

毕卓①为吏郎，比舍郎酿酒熟，卓夜盗饮。

**【注释】**

①毕卓：字茂世，汝南铜阳（今安徽临泉铜城）人，晋代大臣。

**【解读】**

东晋毕卓位列"兖州八伯"之一，性豁达，爱饮酒。当时朝廷腐败、内部争斗不断，毕卓虽有才华，但无从施展，只有另寻他乐，借酒消愁。

毕卓爱酒到了痴迷的地步，以至于邻居酿好酒后，竟于晚上前往偷喝，却被主人当场逮到缚于酒瓮边。天亮时，主人见是吏部郎，大惊谢罪，毕卓反而笑道："谢谢你让我闻了一晚上的酒香。"近代的齐白石大师曾为"毕卓盗酒"作了一幅画，题字"宰相归田，囊中无钱。宁可为盗，不肯伤廉"。毕卓效仿郑泉，也希望"得酒数满百斛船，四时甘味置两头。右手执酒杯，左手持蟹螯，拍浮酒船中，便足了一生矣"。可见，毕卓是一个不折不扣的酒徒。

刘伶①尝乘鹿车，携一壶酒，使人荷锸②随之，曰："死便埋我。"

**【注释】**

①刘伶：字伯伦，魏晋时期沛国（今安徽淮北）人，"竹林七贤"之一。
②锸（chā）：铁锹。

**【解读】**

　　刘伶自称"天生刘伶，以酒为名，一饮一斛，五斗解酲"。关于刘伶饮酒的故事很多。如一次刘伶裸体在家中饮酒，有人笑他无礼，刘伶却反驳道："我以天地为屋，以屋室为裤子，你们跑到我裤子里作何？"荒诞的话语中体现了刘伶的洒脱不羁，后世之人都十分钦佩，纷纷为之吟咏赋诗。

　　有关"竹林七贤"的酒人酒事，《酒谱》一书中涉及较多，如阮籍为酒求取步兵校尉的职位，阮咸与猪共饮等，他们看似疯癫的背后暗藏着深刻的社会现实。自汉武帝提倡"名教风节"起，文人士子开始崇尚以老、庄之道论事品人的玄学之风。到魏晋之交，朝廷内部钩心斗角，权党相争，许多名士言谈不慎就会引来杀身之祸，如嵇康、何晏等人就以惨死结局。为明哲保身，士人只好转玄学清谈为虚谈，阮籍即为其中代表。"竹林七贤"只是当时社会文人的一个缩影，他们狂放不羁的生活态度，实质是残酷现实下人性的呐喊，面对这个黑暗的时代，他们无可奈何，只能追求个人自由与人格独立。

诚失

《周书·酒诰》①曰："文王诰教小子，有正有事，无彝②酒。"

**【注释】**

① 《周书·酒诰》：《周书》是中国正史《二十四史》之一，《酒诰》是其中一篇，由周文王推翻商朝后发布。
② 彝（yí）：古代盛酒的器具。

**【解读】**

西周初期，周朝统治者对饮酒问题十分重视，上文即是周公对其弟康叔的训示。康叔受封管理殷商旧地，周公写下《康诰》、《酒诰》、《梓材》三篇文章送给康叔。《酒诰》主要是以殷商统治者酗酒亡国为教训，规定官员不可常饮酒，群众不能聚饮，不能沉湎于酒。这不仅是对当时王公贵族的训示，更是中国历史上第一封禁酒令，后代禁酒大都因袭此思想。《酒诰》颁布后，周朝实施强制禁酒措施，"刚制于酒"，用严厉的手段惩罚饮酒过量的人，把酿酒业及饮酒行为全部纳入国家行政管理范围内。

《管辂别传》①曰：诸葛原②与辂别，诚以二事。

言："卿性乐酒，量虽温克，然不可保，宁当节之。"

辂曰："酒不可尽，吾欲持才以愚，何患之有也？"

【注释】

①《管辂别传》：关于三国时魏国术士管辂的书籍，原书已失传。
②诸葛原：三国时魏国人，喜占卜。

【解读】

　　管辂是我国历史上著名的术士，年少时就喜欢仰观星辰，成年后精通《周易》。但其貌不扬，"无威仪而嗜酒"，为人平易近人，跟人喝酒爱开玩笑，人们都喜爱与他交往。管辂占卜之术精妙，能察形态、测生死，最为著名的当属对名士何晏的预测。当时曹氏、司马氏两权相争，何晏乃曹魏一派。一日，何晏宴请管辂，称连日梦见数只

美酒（图片提供：微图）

青蝇停留在鼻上，挥之不去，请管辂为他占上一卦。管辂预测何晏将有杀身之祸，当"谦惠慈和，非礼不覆，上追文王，下思孔子"，才可避难。但何晏并未听管辂之言，果然不久发生高平陵之变，何晏等人被夷灭三族。

　　管辂与诸葛原交好，二人常玩射覆游戏，即在器具下放一物件，猜测里边是什么。这是古代占卜术士们爱玩的游戏，如汉代东方朔就是射覆高手。管辂射覆也是一绝，诸葛原升迁时曾请管辂表演射覆之戏，取了三件东西放于盒内，管辂思索片刻，便在各盒子上写下几句词，并写出物件名，大家开盒验证果然都猜中了，众人皆惊叹于他的智慧。正是因为诸葛原与管辂关系好，在上文的临别赠言中，诸葛原才会真心实意地劝说管辂少量饮酒。

> 　　晋祖台之与王荆州①书："古人以酒为戒，愿君屏爵弃卮，焚罍毁榼②，殪③仪狄于羽山，放杜康于三危。古人系重，离必有赠言，仆之与君，其能已乎？"

## 【注释】

①祖台之：字元辰，范阳（今河北徐水）人，东晋大臣，所撰《志怪》现已亡佚；王荆州：即王忱，字元达，太原晋阳（今山西太原）人，东晋大臣，著有文集五卷传于世。

②罍（léi）：古代盛酒的容器。小口，深腹，有盖，多用青铜或陶制成；榼（kē）：古代盛酒的器具。

③殪（lì）：杀死。

【解读】

　　王忱好饮酒且没有节制，常连日醉饮，曾说："三日不饮酒，觉形神不复相亲。"王忱的好友祖台之写信进行劝导，晓之以理、动之以情，可见其情真意切。在信中，祖台之引用了古圣贤传说，如羽山、三危山都是上古典籍中就已存在的。相传鲧治水失败后被舜流放到羽山；《史记》的五帝篇中有"三苗在江淮、荆州数为乱，于是舜归言于帝，迁三苗于三危，以变西戎"的记载。

　　　　《宋书》①云：王悦②，卷从弟也，诏为天门太守。悦嗜酒辄醉，及醒，则俨然端肃。卷谓悦曰："酒虽悦性，亦所以伤生。"

【注释】

①《宋书》：二十四史之一，梁沈约撰，全书共100篇，主要记载南朝刘宋的历史。
②王悦：字少明，王羲之的曾孙，南朝大臣。

【解读】

　　王悦喜好喝酒且总是喝醉，等醒酒后又摆出一副严肃庄重的样子，可见并非只有放达士

严肃之人的醉酒形态

人及顽劣之徒爱酒，严肃之人也有难以抗拒酒的时候。平日严肃庄重，几杯美酒下肚后也能憨态可掬，再多饮几杯，只怕就丑态百出了。出丑事小，伤了身体才是大事。

> 萧子显《齐书》①：臧荣绪②，东莞人也。以酒乱言，常为诫。

**【注释】**

①萧子显：字景阳，梁南兰陵（今江苏常州）人，南朝梁史学家、文学家，齐高帝萧道成之孙；《齐书》：萧子显撰，记载了南齐历史，全书共60卷，现遗失一卷，后为了与李百药的《北齐书》相区别，更名为《南齐书》。
②臧荣绪：南朝齐史学家，著有《晋书》。

**【解读】**

　　臧荣绪自小丧父，生活贫苦，自己浇灌园子帮助母亲维持生计，得"灌园叟"一称。臧荣绪十分好学，阅读了大量书籍，博学多才，却不愿致仕，年轻时就与朋友一起钻研各种典籍，为后来著书立说打下了深厚的基础。虽然放弃了功名利禄，但功夫不负有心人，臧荣绪历经几十年心血最终撰成《晋书》，为后世留下了一笔珍贵的财富。在著书期间，臧荣绪认为酒会使人胡言乱语，因此常以之为戒，如此毅力让人佩服。

《世说》①：晋元帝②过江，犹饮酒。王茂弘③与帝友旧，流涕谏。帝许之，即酌一杯，从是遂断。

【注释】

①《世说》：《世说新语》，由南朝宋刘义庆及其门客所撰，全书有一千多则，主要记录魏晋时期文人的言行。
②晋元帝：司马睿，字景文，西晋灭亡后，南渡至建康（今江苏南京）建立东晋，成为东晋开国皇帝。
③王茂弘：王导，琅琊临沂（今山东省临沂市）人，出身于魏晋名门琅琊王氏，经历晋元帝、明帝和成帝三朝，为东晋开国功臣。

王导像

【解读】

八王之乱后，晋元帝司马睿偏安江南，在以王导、王敦为首的王氏集团的拥护下，建立东晋。东晋初期，王氏兄弟大权在握，同心合德，辅助晋元帝巩固东晋皇业，形成"干与马，共天下"的局面，也开启了东晋长达百年的门阀制度。

当时的政治局面，从上文的故事也可管窥。王导痛哭劝谏晋元帝不要饮酒，晋元帝便滴酒不沾，可见二人之间的情谊。但这种情谊也掺杂着一些政治因素。晋元帝依靠王氏力量建立东晋，对王导素来敬重，常以"仲父"相称，登基时还要拉王导一同坐在御座上接受百官朝拜。王敦掌握兵权，骄横跋扈，晋元帝都不敢厉言责备，只是近乎哀求他不要破坏共安的局面。而王导虽说以恭谨著称，但后来在晋元帝欲削弱王氏势力时，实质上也是站在王敦一方。因此与政治沾边的友谊可能会随着条件的变化而变化。

> 《梁典》①曰：刘韶，平原人也，年二十，便断酒肉。

**【注释】**

① 《梁典》：有两本同名且都是记载南朝梁代历史的史书，一为南朝陈何之元著，一为北周刘璠著，现均已亡佚。

**【解读】**

年轻气盛的人一般都有大口喝酒、大口吃肉的豪情，而酒桌上的推杯换盏、烟花小巷的灯红酒绿总是让人意乱情迷。刘韶年纪轻轻便可断了酒肉，如若不是看破红尘、踏入空门，那必定是位绝世高人。

> 梁王魏婴①觞诸侯于范台，酒酣，请鲁君②举觞。鲁君曰："昔者帝令仪狄作酒而美之，进于禹。禹饮而甘之，遂疏仪狄而绝旨酒，曰：'后世必有以酒亡国者。'"

**【注释】**

①魏婴：梁惠王，又名"魏惠王"，姬姓，名罃，战国时期魏国国君。

②鲁君：鲁共公，战国时期鲁国国君。

**【解读】**

　　凡人都有贪、嗔、痴、恨、爱、恶、欲七大欲望，有智慧的人则懂得抑制自己的欲望。特别是一国国君，权倾天下，所需的东西取之不尽、用之不竭，一旦沉湎于某物而又不懂克制，其欲望会无止境地膨胀，结果可想而知。文中梁惠王和鲁共公关于饮酒的对话，就是警告后世不要因酒亡国。鲁共公在朝拜国势强盛的梁国时，能拒绝梁惠王举杯对饮的邀请，并借大禹和仪狄的故事阐明不可沉迷于酒色的道理，可谓胆识过人。

　　除了酒外，味、色、乐都能成为亡国的引子。齐桓公曾半夜吃五味佳肴，睡到天明也不醒，故有警言"后世必有以味亡其国者"。晋文公得美人南之威，三天不上朝，有警言"后世必有以色亡其国者"。楚王登山临水，逍遥快活，有警言"后世必有以高台、陂池亡其国者"。

美酒虽美，喝多却容易误事（图片提供：全景正片）

《周官》：萍氏掌几酒①。谓之萍，古无其说。按《本草》述水萍②之功，云能胜酒。名萍之意，其取于此乎？

【注释】

①萍氏：古官名；几酒：稽查饮酒、贩酒不合规的行为。
②水萍：浮萍。

【解读】

我国古代早有专设的掌管酒的官职，最早的记载源于《周礼》，后郑玄有注："酒正，酒官之长。"据史料记载，酒正又被称为"大酋"，隶属于天官，乃酒官之首。本条所说的萍氏就是分管酒类的某一官职，而为何称为"萍"，古人没有解释。窦苹根据《本草纲目》描述浮萍的功效，推测是因为浮萍能够解酒，因而掌酒的官职取名为"萍"。随朝代变迁，酒正的官职名也有所改变，南北朝北齐时期称为"酒吏"，南梁称为"酒库丞"，至隋唐后，酒类管理日趋规范，朝廷专设良酝署，设置不同管理酒的职位。

陶侃①饮酒，必自制其量，性欢而量已满。人或以为言，侃曰："少时常有酒失，亡亲见约，故不敢尽量耳。"

【注释】

①陶侃：字士行，鄱阳郡(今江西进贤、都昌一带)人，出身寒门，后成为东晋开国功臣，曾孙是诗人陶渊明。

自律的人面对美酒也能克制自己
（图片提供：全景正片）

【解读】

因为年少时喝酒犯下过错而克制酒量，即使喝到兴起也不再开怀畅饮，可见陶侃是一个非常谨慎、自律的人。东晋时期门阀斗争严重，陶侃出身寒门，孤身奋斗最终位极人臣，除了小心谨慎外，他的才智能力不容小觑。如有一次陶侃负责造船，造完之后令人把木屑、竹头都收拾起来，众人不解。后来时逢大雪，雪融地滑，造船所剩木屑正好用来铺地防滑。几十年后，朝廷为伐蜀又大兴造船，陶侃当年所剩的竹头又被用来作钉造船，当时有人称赞他"陶公机神明鉴似魏武，忠顺勤劳似孔明，陆抗诸人不能及也"。

桓公与管仲饮，掘新井而柴焉，十日斋戒①，召管仲。管仲至，公执尊觞三行，管仲趋出。公怒曰："寡人斋戒以饮仲父，以为脱于罪矣。"对曰："吾闻湛于乐者洽于忧，厚于味者薄于行，是以走出。"
公拜送之。又云：桓公饮大夫酒，管仲后至。公举
觞以饮之，管仲弃半酒。公曰："礼乎？""臣闻
酒入舌出而言失者弃身。臣计弃身不如弃酒。"公
大笑曰："仲父就座。"

**【注释】**

①斋戒：古代斋戒分为三种，一是帝王、士族、平民用于祭祀、典
礼等正式场合的斋戒，二是用于还愿的斋戒，三是长期性质的宗
教戒律性的斋戒。这里指第一种，主要包括沐浴更衣、不饮酒、
不吃荤等内容。

**【解读】**

　　生于忧患、死于安乐，是这两则故事的中心思想。第一个故事
出自《管子·中匡》，讲述了齐桓公为了与管仲饮酒，挖了一口新井
并烧柴火祭天，斋戒了十天才把管仲招来，结果管仲待齐桓公连饮
三杯后就立马快步离开。第二个故事最早见于《吕氏春秋》，齐桓
公举起酒觞让管仲喝酒，但管仲只喝了一半，另一半直接倒掉。两
个故事都体现出了管仲的耿直，但他的行为也是对君主的大不敬，
还好管仲机智善辩，借机引出酒能乱性的进谏机会。

　　说到齐桓公其人，早年任用贤才，与管仲同心同力，大兴改革，
尊王攘夷，成为中原第一霸主。但是晚年却昏庸无道，如易牙等人
半夜献上五味佳肴，齐桓公能食不知饱，一觉睡到天明还不醒，齐
国日渐衰弱，齐桓公也在内乱中饿死，正是应了管仲说的忧患生于
享乐之中。

名酒荟萃

《北梦琐言》①：陆扆为夷陵②，有士子入谒③，因命之饮。曰："天性不饮。"扆曰："已减半矣。"言当寡过也。

【注释】

①《北梦琐言》：宋代孙光宪所撰，共 30 卷，现存 20 卷，记载唐武宗至五代十国文人士大夫的言行。

②陆扆（yǐ）：字群文，嘉兴（今浙江一带）人，唐政治家陆贽的族孙，文思敏捷，著有文集七卷；夷陵：今湖北宜昌。

③谒（yè）：拜见。

绍兴花雕酒

## 【解读】

虽然陆厹在此文中认同不会喝酒的人能少犯错误，但他本人就是一个酒徒。他更是说过："文人不喝酒，只能算半个文人。"可见，对于男人来说，舞文弄墨稍显文气，加上酒的烘托，大丈夫之气才能显现，所以才有"李白斗酒诗百篇"，杜甫"白日放歌须纵酒"的佳话。文人中能饮酒者众多，许多饮酒大户都是捏笔写文之人。现代的鲁迅先生就能喝一斤绍兴酒，即使是在他创造的文学作品中，落魄如孔乙己也会排上九文大钱，要一碟茴香豆，温两碗酒。再如丰子恺先生，在上海时每周都会举办一次酒会，他入会前必须喝下五斤绍兴黄酒。

萧齐刘玄明①政事为天下最。或问政术，答曰："作县令，但食一升饭而不饮酒，此第一策也。"

**【注释】**

①萧齐：南朝齐（479—502），由萧道成建立，后萧衍改国号为梁，取代南齐；刘玄明：临淮（今江苏泗洪）人，南齐时任山阴县令。

**【解读】**

为官之道是一门大学问，不是三言两语就可道清说明。但人们都知道学做官首先要学会做人，凡事不能由着自己的性子来，刘玄明说的第一条诀窍正符合这点。每天只吃一升饭不喝酒，看似简单，但对于爱酒之人却难如登天，他们必须克制自己的欲望，以政事为要。在魏晋名士多嗜酒的风气影响下，南朝出现许多标榜清高的伪士人，纵酒不理政务，反而讥讽勤于职守的官吏，刘玄明的话语正是对此现象的反击。小饮怡情，大饮伤身丧志，为官之人更应该谨记。

长孙登好宾客，虽不饮酒而好观人酣饮，谈论古今，或继以火。常恐客去，畜异馔①以留之。

**【注释】**

①馔（zhuàn）：食物。

宴饮聚会

## 【解读】

　　我国自古是礼仪之邦，好客的传统一代代延续下来。长孙登自己虽不喝酒，但却喜欢宴请宾客，看别人畅饮，谈论古今之事，堪称好客之典范。关于好客的事迹还有近代国画大师李苦禅。一次李苦禅正与友人聊画，有一人上前攀谈并一直跟随他回到家中。此人特别喜欢李苦禅所画的大鹰，但碍于囊中羞涩，无力购买。李苦禅了解情况后，当即画了一幅画送予此人，还把家中的肉都拿出来待客，自家人却在房里吃着素菜。李苦禅待客如此慷慨真诚，令人钦佩。

赵襄子①饮酒，五日五夜不醉，而自矜。优莫曰："昔纣饮酒七日七夜不醉，君勉之，则及矣。"襄子曰："吾几亡乎？"对曰："纣遇周武，所以亡。今天下尽纣，何遽亡？然亦危矣。"

**【注释】**

①赵襄子：名赵毋恤，谥号襄，春秋后期晋国卿大夫赵鞅之子，战国时期赵国基业的开创者，与其父赵鞅并称"简襄之烈"。

**【解读】**

这则故事是讽刺赵襄子贪图享乐，连饮五天五夜，不思进取。不过也不能因此就否定赵襄子。此人从小就不是一般人，成年后更非等闲之辈，虽为庶子却被破格立为太子。但当时晋国政坛中势力雄厚的智伯与他为难，在伐郑途中强迫赵襄子饮酒，赵襄子不从便被狠打一顿。受此屈辱，赵襄子一直忍辱负重，直到智伯集结其他势力向赵氏进攻，才以妙计粉碎了智伯的企图，并把智伯的头颅做成了夜壶。可见赵襄子受辱之时心里是波涛汹涌的，能忍如此长的时间，堪比勾践卧薪尝胆、韩信忍胯下之辱。

释氏①之教尤以酒为戒，故《四分律》②云：饮酒有十过失，一颜色恶，二少力，三眼不明，四见嗔相，五坏田业资生，六增疾病，七益斗讼，八恶名流布，九智慧减少，十身坏命终，堕诸恶道。

【注释】

①释氏：佛姓释迦的简称，亦指佛教。

②《四分律》：又称《昙无德律》或《四分律藏》，佛教戒律书，共60卷。

【解读】

佛教自印度传入我国后，全方面地渗入到我国文化当中，其中也包括酒文化。佛教中对各种酒的称呼十分特别，比如粮食酿成的

药酒（图片提供：微图）

酒称为"穴罗"，果实或植物的根茎酿成的酒称"迷丽耶"，半发酵的酒叫做"末陀"。

佛教讲究修身养性，戒"贪、嗔、痴"，而饮酒易使人难以自制、行为发狂而不重操守。因此酒在佛教中被认为是毒药，能令人破戒造恶，戒酒也成为佛教的基本行为准则之一。如《阿含经》里有五戒：不饮酒、不杀生、不偷盗、不邪淫、不妄语，这是佛陀对弟子、世人的教诫。除上文提到的《四分律》外，关于沉湎于酒的危害在《大管度论》、《州时经》、《十诵律》等经文里都有详细阐说。然而，佛也并非不近人情，在弟子生病且其他药无用的情况下，《四分律》允许他们可以直接饮酒。还有记载说，比丘因戒酒生病，佛陀特许他用白布包裹着可酿酒植物的根茎、果实屑，浸渍于不至于醉人的淡酒中，再投在清水里饮用。可见，佛教中也并非完全不可饮酒。

《韩诗外传》①：饮之礼，跣②而上坐，谓之宴；能饮者饮之，不能饮者已，谓之酖③；齐颜色，均众寡，谓之沉；闭门不出，谓之湎。君子可以宴，可以酖，不可以沉，不可以湎。

**【注释】**

①《韩诗外传》：汉代韩婴著，是有关诗经的学说，由逸闻杂事、伦理规范等构成，一般每条都引用《诗经》的话作结论。
②跣（xiǎn）：光着脚。
③酖（yù）：家庭中举行宴饮。

【解读】

饮酒之乐有时并不在于美酒本身的滋味。同样是一个人喝酒，月下独酌喝的是清风明月的意境，而闷头灌酒就只剩"举杯消愁愁更愁"；同样是聚会宴饮，流觞曲水喝的是雅兴，斗酒、酗酒就使得欢聚成了众人的痛苦。因此，饮酒取其意即可，如上文所说的"沉"、"湎"都是过犹不及。

曲水流觞

再谈流觞曲水，这种宴饮习俗是我国古代名士们钟情的乐事，大家围坐在蜿蜒流淌的水渠旁，放一特制的酒杯于水中，待酒杯漂到谁的面前谁就取杯饮酒。如王羲之《兰亭集序》中"有崇山峻岭，茂林修竹；又有清流激湍，映带左右，引以为流觞曲水"，众人"列坐其次，虽无丝竹管弦之盛，一觞一咏，亦足以畅叙幽"，这种宴饮方式既有大自然的熏陶，又有赋诗饮酒的乐趣，如此雅致高远，远比斗酒有趣。

《魏略》①曰：太祖禁酒，人或私饮，故更其辞，以白为贤人，清酒为圣人。

**【注释】**

①《魏略》：三国时期魏国鱼豢私撰，记载魏国的历史，现已失传。

**【解读】**

　　禁酒政策对于爱酒的人来说实乃桎梏，因而曹操下令禁酒后会出现私下里偷着喝酒的人，这些人为了逃避责罚，这才更换了酒的称呼，称白酒为"贤人"，称清酒为"圣人"。自此，"贤人"、"圣人"的称呼延续到后世，并演变出了许多别样的名号。如唐代皇甫松所作《醉乡日月》中的《谋饮篇》有："凡酒以色清味重而饴者为圣，色浊如金而味醇且苦者为贤，色黑而酸醶者为愚人，以家醪糯觞醉人者为君子，以家醪黍觞醉人者为中人，以巷醪灰觞醉人者为小人。"此处，皇甫松把酒分为圣人、贤人、愚人、君子、中人、小人，相较于前文，对酒的特性进行了更为细致的区分。

> 《典论》①云：汉灵帝②末，有司榷酒，斗直千钱。

**【注释】**

①《典论》：三国时曹丕撰写的有关政治、文化的论著，现仅存《自叙》、《论文》两篇。

②汉灵帝：东汉第 11 位皇帝（168—189），在位 22 年，名刘宏。执政期间党锢及宦官专权严重，昏庸无道，后发生"黄巾之乱"，从此东汉名存实亡。

酒馆卖酒

【解读】

　　至此，关于酒政的内容已涉及多处，有汉代的榷酒、税酒政策和曹操时期的禁酒，诸如此类都是官方发布的用于管理酒类酿造、生产及流通的政策。实施酒政，一方面是为了规范酒类管理，另一方面也是统治阶级为攫取酒类行业的巨额利润，当然，有时酒政与某些政治斗争也有关系。

　　榷酒是汉武帝首创，而后断断续续进行过调整。汉昭帝改为税酒政策；汉灵帝执政时期，昏庸无道，卖官鬻爵，重新实施榷酒政策，高价垄断酒的买卖，才出现斗酒值千钱的荒唐局面。酒在唐代人的生活中占着举足轻重的地位，社会需求量一直较大。虽然某些时期朝廷想要垄断酒类市场，但大部分时候唐代的酒都出自于私人酿制，民营酿酒业发展良好，官府只对酒户派发从业资格证，地方向酒户征税，再上缴给朝廷。到了宋代，榷酒政策实施得最为彻底，朝廷自始至终都没有打开酿酒行业的大门，设置了专门的机构，建立了一套完整、严格的酒类管理制度，包括"买扑"制度、隔酿制度。"买扑"制度下，实力雄厚的酒户按期向官府缴纳酒税，承包划定好的某一特定地区的酒类销售。官府同时控制酒曲销售，从而控制私营酿酒。南宋时期官府实施隔酿制度，具体做法是：官府提供酿酒场所及设施，百姓自带谷物酿酒，并按照谷物价格、数量收取租费。但在后期为提高酒坊的利用率，官府不再按照谷物课税，而是强行向民户征收分摊的租费，隔酿制度沦为一项苛捐杂税。

《西京杂记》云：司马相如①还成都，以鹔鹴裘②就里人杨昌换酒，与文君为欢。

【注释】

①司马相如：字长卿，蜀郡成都（今四川省成都）人，西汉时期著名文学家、政治家，著有《子虚赋》。其妻卓文君为巨商卓王孙之女，美貌动人，精通音律。

②鹔鹴（sù shuāng）裘：鹔鹴鸟的皮制成的裘衣。鹔鹴鸟是雁的一种，颈长，羽绿，古代传说中的一种神鸟。

**【解读】**

司马相如与卓文君，一位玉树临风、卓尔不群，一位清丽脱俗、才情具备，两人的爱情故事历来传为佳话。这对才子佳人自从在宴会上一见钟情后，不顾家里反对，为了自由、爱情决然私奔，在那个时代精神着实可贵。小夫妻私奔出走后，为维持生计当垆卖酒，日子虽然过得艰辛，但浪漫情怀丝毫不减，竟用鹔鹴裘与邻居杨昌换酒对饮。鹔鹴裘虽然不是价值连城，但也珍贵异常，二人拿它换酒喝，可见在他们心中锦衣华服也比不上香醇美酒。后来，司马相如仕途顺畅时曾有过纳妾的念头，但卓文君的一首《白头吟》终是把丈夫拉回了身边：

> 皑如山上雪，皎若云间月。
> 闻君有两意，故来相决绝。
> 今日斗酒会，明旦沟水头。
> 躞蹀御沟上，沟水东西流。
> 凄凄复凄凄，嫁娶不须啼。
> 愿得一心人，白头不相离。
> 竹竿何袅袅，鱼尾何簁簁！
> 男儿重意气，何用钱刀为！

---

宋明帝《文章志》①云：王忱每醉，连日不醒，自号"上顿"。时人以大饮为上顿，自忱始也。

---

酒谱

132

**【注释】**

①宋明帝：名刘彧，南朝刘宋皇帝（465—472），执政初期任用贤才，平四方叛乱，后期暴虐奢靡，宠信奸臣，朝政衰败。《文章志》为其所著，现已亡佚。

【解读】

此事在《晋书》中有记载。
王忱貌丑，但少时便声名远
扬，才气出众，任性放达，
尤其酷爱饮酒，每次喝醉数日
都不会醒。王忱嗜酒不仅连日不
醒，就连去岳父家吊丧都是半醉半醒，拉
着十多个披发裸体的人闯入房间，绕着痛哭的岳父走了三圈便走了，
王忱的真性情可见一斑。

《醉翁吟诗图》黄慎（清）

《益部传》①曰：杨子拒妻刘泰瑾贞懿达礼。
子元琮醉归舍，刘十日不见。诸弟谢过，乃责之
曰："汝沉荒不敬，自倡败者，何以帅先诸弟？"

【注释】

① 《益部传》：三国西晋陈寿著，全称《益都耆旧传》，共10篇，
叙述东汉以来巴蜀一带的名人逸事。

【解读】

此则故事与孟母三迁、岳母刺字一样，都是母亲教子的典范。
刘泰瑾认为美酒虽美，但会误人误事，因此在儿子喝醉回家后十天不
与他见面，以让儿子谨记教训。在胡适先生的自传里，也有关于母亲
的故事。胡适早年丧父，母亲挑起了慈母和严父的双重角色，她从不

《斗酒图》陈洪绶（明）

在人前批评责骂胡适，总是每天清晨时把胡适叫醒，对他说昨天他犯
了什么过错。一次胡适言语轻薄，等到晚上母亲才罚他跪下，不许睡
觉，后来因为当时哭着揉眼睛感染了细菌，胡适患上了眼翳病，他的
母亲听说用舌头舔可治此病，就真用舌头去舔胡适的病眼，慈母之心
令人感动。

外篇

《酒谱》外篇包括神异、异域酒、性味、饮器、酒令、酒之文、酒之诗七篇，其中酒之诗无文。今存的六篇主要阐述了与酒有关的传说逸闻、异域的奇特之酒、酒的药物作用，以及饮酒的器具、酒席上的助兴游戏和关于酒的文章。

神异

张华①有九酝酒，每醉，即令人传止之。尝有故人来，与共饮，忘敕②左右。至明，华寤③，视之，腹已穿，酒流床下。事出《世说》。

【注释】

①张华：字茂先，范阳方城（今河北固安）人，西晋大臣、文学家，代表作有《鹪鹩赋》、《博物志》。
②敕（chì）：告诫。
③寤（wù）：睡醒。

【解读】

此事不仅见于《世说新语》，也记载于《太平广记》。张华与友人喝九酝酒，忘记嘱咐随从阻止自己喝醉，结果第二天友人的肚子已被腐穿。烈酒易醉人，这则故事里的九酝

酿酒用的酒曲

酒更是成了穿肠毒药。故事虽然有些夸张，不过也说明了九酝酒的度数非常高。九酝酒产自曹操的家乡亳州，曹操虽下令禁过酒，但他本人非常喜爱喝酒，曾把九酝酒写入奏折呈给汉献帝，自此九酝酒开始扬名天下。九酝酒的酿造方法在当时属于酿酒中的新技术，采取分次连续投料的方法，隔三天往曲液里投一次米，共投九次，所用酒曲也是能高效出酒的神曲。曹操向汉献帝进献的九酝酒酿制方法经过改良，使得酒精度更高，酒味更加醇厚。

王子年《拾遗记》①：张华为酒，煮三薇以渍曲糵。糵出西羌，曲出北胡，以酿酒，清美醇酽，久含令人齿动。若大醉不摇荡，使人肝肠消烂，俗谓"消肠酒"。或云醇酒可为长宵之乐。两说声同而事异也。

**【注释】**

①王子年：王嘉，子年为其字，东晋陇西安阳（今甘肃渭源）人；《拾遗记》：又名《拾遗录》，王嘉著，志怪小说集，共19卷，现存10卷。

**【解读】**

这则故事说的也是张华所酿的酒，上文称为"九酝酒"，此处则是"消肠酒"。名字虽然不够高雅，

坛装美酒

却更加形象，突显了酒的香烈。消肠酒采用西羌的蘗和北胡的曲酿造而成，酒味清美醇厚，长时间含在口里会使牙齿松动。如果喝得大醉而不晃动身体，会使人肝肠腐蚀，因而俗称"消肠酒"。消肠酒的神奇令人惊叹，在志怪小说中常被记录。

崔豹《古今注》①云：汉郑弘②为灵文乡啬夫，夜宿一津，逢故人。四顾荒郊，无酒可沽，因以钱投水中，尽夕酣畅，因名"沉酿川"。

## 【注释】

①崔豹：字正熊，渔阳（今北京）人，西晋大臣；《古今注》：崔豹撰，共 3 卷，解说古代及当时事物的著作。
②郑弘：字巨君，会稽山阴（今浙江绍兴）人，东汉大臣。

## 【解读】

　　钱币投入水中便可酣饮一夜，看似神奇，难道真是河水瞬间化为了美酒？我们当然知道这不现实，可能投钱之举只是形式，清风明月的意境到了，在郑弘与友人眼中，杯中之物是否为酒已然不重要。

　　史书上的郑弘为官刚正不阿，两袖清风，想百姓之所想，急百姓之所急。关于他施仁政的事迹非常多，其中最有趣也最能体现其为人做官风格的当属下面这个故事：传说有一座白鹤山由替仙人取箭的白鹤所化。一日郑弘在此山中砍柴，捡到一支箭，一会儿有一人前来寻箭，郑弘便把箭还给他。此人正是山中神仙，他询问郑弘需要什么，结果郑弘没有提任何要求，只是希望仙人能够使晨吹南风，晚吹北风，这样百姓就能靠溪水运送柴火了。

义宁①初，有一县丞②甚俊而文，晚乃嗜酒，日必数升。病甚，酒臭③数里，旬日卒。

**【注释】**

①义宁：隋恭帝杨侑的年号（617—618），政权仅维持7个月。
②县丞：始设于战国时期，辅佐县令，主要负责管理文书、仓库。
③臭（xiù）：气味的总称。

**【解读】**

　　嗜酒的县丞重病后，身上的酒味都飘到了数里之外，可见其饮酒之多。历史上因酒丧命的人不少，三国时的蜀国大将张飞可以算是典型。除了性格火烈，嗜酒是张飞另一大特点，且醉后常鞭打小人。《三国演义》"张翼德怒鞭督邮"中，张飞酒后"一连打折柳枝十数条"，把残害百姓的督邮打得半死，因而人们评价张飞"敬君子不怕小人"。鞭打督邮后，张飞和刘备、关羽兄弟三人只能离开。醉后打人为张飞惹来不少麻烦，最终这个毛病让他身首异处。为报杀关羽之仇，在讨伐孙权的途中，张飞报仇心切，责令两个部下三天内办好白旗、白甲，三军挂孝伐吴。部下觉得太过仓促，请求宽限时间，张飞大怒下又是一顿鞭打。后张飞喝酒大醉，这两个怀恨在心的部下趁机取了张飞首级。如此猛将，没有战死沙场，却因为醉酒而死在自己人手中。

张茂先《博物志》①云：昔刘玄石从中山②酒家沽酒，酒家与之千日酒，而忘语其节度。归日沉瞑，而家人不知，以为死也，棺敛葬之。酒家经千日，忽悟而往告之。发冢，适醒。齐人因乃能之为千日酒，饮过一升醉卧。有故人赵英饮之逾量而去，其家以为死，埋之。计千日当醒，往至其家，破冢出之，尚有酒气。事出《鬼神玄怪录》③。

**【注释】**

① 《博物志》：西晋张华编著的志怪小说集，记载奇物、异事、方术。
② 中山：汉代郡名，今河北定州一带。
③ 《鬼神玄怪录》：作者及年代不详，现无存本。

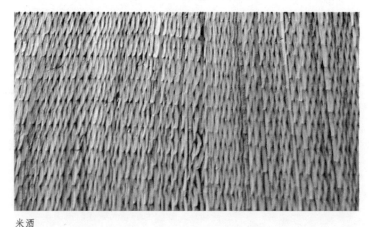

米酒

【解读】

　　此事在《搜神记》里也有记载，相传能造千日酒的人叫狄希，刘玄石饮此酒被误埋后，狄希找到他的家人说明原因，挖开坟时浓重的酒气扑面而来。刘玄石正好醒来，问狄希道："你这是什么酒，我才喝了一杯就醉成这样，现在太阳升到哪了？"众人大笑，原来刘玄石已经醉卧了三个月。事实上，当时所酿的酒都是米酒，度数通常不高，不可能超越现代酒的烈度，所谓"玄石饮酒，一醉千日"的说法大抵也是文学作品使用的夸张手法。

　　　　《尸子》①曰：赤县洲者，是为崑崙②之墟，其卤而浮为蓬芽，上生红草，食其一实，醉三百年。

【注释】

①《尸子》：先秦时期杂家著作。尸子，名佼，鲁国人，商鞅的老师。
②崑崙（kūn lún）：也作"昆仑"，传说中的神山。

【解读】

　　《西游记》里有人参果树，三千年一开花，三千年一结果，三千年果子才成熟。人闻此果就能活360岁，吃一颗能活47000年，此乃长寿果。本条说的果实类似于长寿果，长于昆仑山之仙境，吃了能长醉三百年。可能吃了此果实即使不能成仙，也具有延年益寿的功效。

王充《论衡》①云：须曼都好道，去家三年而返，曰："仙人将我上天，饮我流霞一杯，数月不饥。"

**【注释】**

①王充：字仲任，会稽上虞（今浙江一带）人，东汉著名哲学家，代表作有《论衡》、《讥俗》、《政务》等；《论衡》：东汉王充所著的抨击无神论的哲学著作，共13卷，85篇，现亡佚1篇。

**【解读】**

　　本条颇具传奇色彩。喜好道学的须曼都喝一杯流霞酒而几个月都不感到饥饿，也只有在神仙传说中才会出现。事实上，作为我国本土宗教的道教被深深地打上了酒文化印记，许多道教人士都与

祭祀用酒（图片提供：微图）

酒相关。道教天师张道陵路过蜀中鹤鸣山时，取雪山之水酿酒，用来祭祀天神或者制药，而后"祭酒"也演变成了道士神阶的称谓。道教的仙人与酒有关的也不少，"八仙过海"中的八仙便有"醉八仙"之称，每一个都爱喝酒。全真道的创始人王重阳仕途坎坷，于酒肆中遇到奇人，喝了神酒，得到真诀，这才修炼成道，开创全真教。张三丰也是在喝下神酒后，得"穿云破岩之术"才可成仙。可见，酒与道教历来有不解之缘。

---

道书谓露为天酒，见东方朔《神异经》①。

---

**【注释】**

①东方朔：字曼倩，平原厌次（今山东德州陵县）人，西汉汉武帝时期的辞赋家，才华出众，机智幽默；《神异经》：古代博物、志怪小说集，旧传为东方朔所撰，现认为是后人伪托。

**【解读】**

将露水称为天上的酒，体现了古人的奇思妙想。古人总是喜欢赋予某些不能解释或者稀少之物以神秘色彩，所以对酒有流霞、琼浆玉液等说法。而且道教仙家的酒不只甘美，还有各种不同的功效，如饱腹、延年益寿等。虽然这些传说都是天方夜谭，但也反映出古人们对酒的喜爱与赞美。

刘向《列仙传》①曰：安期先生与神女会于圜丘②，酺玄碧之酒。

**【注释】**

①刘向：字子政，沛县（今江苏一带）人，西汉经学家，代表作有《谏营昌陵疏》、《战国策叙录》；《列仙传》：叙述神仙事迹的古书，旧题为刘向所撰。

②安期先生：安期生，又名"安丘先生"，琅琊（今山东临沂）人，秦汉时期著名的方士，被道教奉为上清八真之一，称为"北极真人"；圜（yuán）丘：古代帝王冬至祭天的地方。

**【解读】**

　　安期生与神女畅饮玄碧酒，此际遇让人羡慕。安期生在传说中被称为"千岁翁"，师从河上公，为寻神山仙药而周游四海，于

蓬莱仙山（图片提供：微图）

东海上遭遇大风浪，险象环生，得一神龟相助上了蓬莱仙山，仙女告诉他仙药的位置。后来安期生采仙药、炼仙丹，最后得道成仙，开创方仙道。历代文人墨客有很多描述安期生的诗句，李白曾有："五岳寻仙不辞远，一生好入名山游。"《史记》里记载，安期生曾游说秦始皇，但其献策未被采纳，仅被赐予金璧赤玉履，于是归隐在东海之滨。后项羽起兵反秦，安期生去游说项羽，又未被采纳，只好隐居东海桃花岛。不过相传秦始皇后来派人海上寻药便是去寻找安期生。

> 石虎①于大武殿起楼，高四十丈。上有铜龙，腹空，着数百斛酒，使胡人于楼上漱酒。风至，望之如雾，名曰粘酒台，使以洒尘。事见《拾遗记》。

**【注释】**

①石虎：字季龙，十六国时期后赵君主（334—349），在位期间荒淫无度，实施暴政。

**【解读】**

石虎生性残暴，曾杀死自己的两位妻子，对待俘虏不分男女一律坑杀，执政期间更是展现出残暴好色的本性，下令全国 20 岁以下、13 岁以上的女子不论是否婚嫁，都要准备随时被征为后宫佳丽，当时很多女子为此自杀。后因夺位风波，石虎父子竟然骨肉相残。石虎的双手沾满鲜血，天性荒淫残忍至此，造出荒谬的"粘酒台"也

能让人稍稍理解了。粘酒台高约 132 米，楼上有铜制的龙，腹中盛
有数百斛酒，石虎让胡人在楼上漱酒，大风吹过，酒如同雾一样地
洒下来，故称作"粘酒台"，这种玩乐方式堪称前无古人。

> 魏贾锵有奴，善别水，尝乘舟于黄河中流，以
> 匏瓠接河源水，一日不过七八升。经宿，色如绛。
> 以酿酒，名"崑崘觞"，芳味绝妙。曾以三十斛献
> 魏帝。

## 【解读】

名酒必出自佳泉，水质的好坏对酒质有较大影响，优质水还能
赋予酒体别样的风味。传说杜康造酒，所取之水水质甘爽清冽，后
有人言"此水至今有酒味"。此说法虽然不准确，但说明古人早就
意识到水质对酒品质的影响了，认为水是"酒之血"。许多名酒都
是取自当地名水酿造，如酃酒产自湖南衡阳县酃湖，酃湖水绿而甘
爽，当地人取之酿酒，酒味醇厚甜美，常作为亲友间相互馈赠的珍
贵礼品，或进献给朝廷的贡品。同样被视为朝贵赠礼的还有河东人
酿造的桑落酒，《后史补》记载"何中桑落坊有井，每至桑落时，
取其寒暄得所，以井水酿酒甚佳"，但郦道元则认为桑落酒是取河
水酿造。不论是河水抑或是井水，可以肯定的是酿造桑落酒的水质
一定优良，要不怎能酿出如此勾人心魄的桑落酒？

> 李肇云：郑人以荥水酿酒，近邑之水重于远郊之水数倍。事见《出世记》。

**【解读】**

虽然古代自然环境比现在要好上百倍，但是有人的地方必有对环境的改造。城镇边上的水受到了人类的影响，比之远郊的青山绿水，水里所含杂质肯定要多，水质自然没有远郊的清冽，因而重量高于远郊之水。此处说的仍然是酿酒用水的问题，看来古人酿酒十分重视水质。

> 尧登山，山涌水一泉，味如九酝，色如玉浆，号曰醴泉。

**【解读】**

九酝酒在历史上赫赫有名，在酒中声望很高，但还不至于追溯到上古时期，与尧帝联系在一起。人们认为尧帝登山时尝过的泉水味道像九酝酒，恐怕只是为了增加神秘色彩。但无论如何，此泉水的味道甘美不容否认，因而被称为"醴泉"。

醴泉一词出自《礼记》："故天降膏露，地出醴泉。"醴是薄酒，醴泉又称"甘泉"，泉水味道有淡淡的酒味。古书中多有记载，称醴泉可以除痼疾，治疗心腹痛、反胃腹泻等疾病。历史上有记载的醴泉有两处，一为唐太宗在九成宫（今陕西麟游）避暑时挖掘的一口井，二为泰山醴泉。

《南岳夫人传》①曰：夫人觊王子乔②琼苏渌酒。

【注释】

① 《南岳夫人传》：又名《南岳夫人内传》、《南岳魏夫人传》，叙述了魏晋时期女道士魏华存的事。魏华存，字贤安，道教上清派尊她为第一代太师，又被称为"紫虚元君"、"南岳魏夫人"。
② 王子乔：名姬晋，子乔为其字，相传为黄帝后裔，周灵王的太子，王氏的始祖。

《仙人醉扶图》黄慎（清）

【解读】

　　这里有个民间传说。相传魏夫人一心修道，感动了天上的仙人，一夜仙人王子乔下凡找到她，特传授"神真之道"。魏夫人感激不尽，献上酃酒。王子乔成仙前在宫廷里就常饮用此酒，因此十分高兴，临走时更是告诉魏夫人，可把她平时服用的一些中药浸泡到酃酒中，将酒与养生之道结合在一起。用此法泡制的酃酒略呈现绿色，加上是仙人点化，魏夫人便称它为"琼苏渌酒"。自此，魏夫人每日必饮酃酒，加上潜心修道，最终羽化成仙。传说终究是虚构的，但是酃酒的美名却是远播千年。

> 《十洲记》①曰：瀛洲有玉膏如酒，名曰玉酒，饮数升，令人长生。

**【注释】**

①《十洲记》：指《海内十洲记》，是记载神仙事、博物志怪的古书，与《山海经》类似，旧说为西汉东方朔撰，后考证认为是东汉末年所作。

**【解读】**

瀛洲是传说中的东海仙山，上面住着仙人，生长着仙草、玉石，还有味甘如酒的玉醴泉和玉膏。玉膏即玉的脂膏，是古代传说中的仙药，在《十洲记》中被称为"玉酒"，喝数升后可使人长生不老。但《十洲记》经考证是伪书，其说法不足为信。

《东方朔别传》①云：武帝幸甘泉，见平坂道中有虫，赤如肝，头目口齿悉具。朔曰："此怪气，必秦狱处积忧者，得酒而解。"乃取虫置酒中，立消。后以酒置属车，为此也。

**【注释】**

① 《东方朔别传》：记载了关于东方朔的传闻逸事，原书共8卷，现已亡佚。

**【解读】**

这个故事在《太平广记》里有更详细的记载。汉武帝去往甘泉的途中发现平坂道中有虫，颜色红得像肝脏一样，头部、眼睛、口齿皆具备。东方朔告诉汉武帝此虫名为"怪哉"，因为以前的秦朝皇帝荒淫无道，残害无辜，百姓整天忧愁哀叹："怪哉！怪哉！"上天愤怒，就生出了这种叫"怪哉"的虫子。因酒可以化解忧愁，东方朔便以酒浇灌，虫子立刻消亡了。

东方朔表面上似乎是在表达酒可以浇愁，实则是以秦朝灭亡的教训劝诫汉武帝要施仁政。后来他在帝王所乘车内放置酒，其意也是在警醒君主百姓如水，"水可载舟，亦可覆舟"。

异域酒

天竺国①谓酒为酥。今北僧②多云"般若汤"，盖庾辞以避法禁尔，非释典所出。

【注释】

①天竺国：印度的古称。
②北僧：宋朝时期辽国的僧人，宋辽南北对峙，宋称辽国为北朝。

【解读】

　　《史记·西南夷列传》记载："从东南身毒国，可数千里，得蜀贾人市。"此处的"身毒"就是天竺最古老的称呼，其在唐代初期才统称为"天竺"，后更名为"印度"。众所周知，佛教有戒酒的戒律，作为佛教发源地的天

活佛济公像
　　济公为南宋高僧，不戒酒肉，是一位学问渊博、行善积德的得道高僧，被列为"禅宗第五十祖"。

竺国，佛教氛围更加浓厚，但仍有僧人忍不住私下偷喝美酒，于是就有了"般若汤"的称呼，指用暗语逃避禁忌。

《古今注》云：乌孙国①有青田核，莫知其树与花。其实大如五六升瓠，空之，盛水而成酒。刘章②曾得二焉，集宾设之，可供二十人。一核才尽，一核复成。久置则味苦矣。

**【注释】**

①乌孙国：汉代时由游牧民族乌孙在西域建立的国家，位于巴尔喀什湖东南、伊犁河流域。

②刘章：汉高祖刘邦的孙子，被吕太后封为朱虚侯，汉文帝时被封为城阳王。

**【解读】**

汉代，乌孙国占据西域人口的一半之多，丝绸之路的打通将乌孙国的很多特产都带到了中原地区，青田核就属于其中一种。青田核的果实有五六升葫芦那么大，掏空后将水装进去，水就能变成酒。刘章曾经得到过两个青田核，可供给 20 个人酒喝。历史上许多文人都曾在诗中咏颂青田酒，清代舒其绍有"且醉青田仙核酒，不嫌垂老卧沙场"，宋代张表臣伴着酒意写下"酿忆青田核，觞宜碧藕筒。直须千日醉，莫放一杯空"。

波斯国①有三勒浆，类酒，谓庵摩勒，毗梨勒也。诃陵国②人以柳花、椰子为酒，饮之亦醉。大宛国③多以葡萄酿酒，多者藏至万石，数十年不坏。

**【注释】**

①波斯国：指古伊朗，统治范围与今伊朗基本相同。
②诃（hē）陵国：南海中的古国名。
③大宛（yuān）国：古代西域国名，位于中亚细亚。

**【解读】**

汉以后，丝绸之路的开拓加强了我国与其他国家的交流，许多外来品纷纷涌入中原地区，其中不乏奇珍异品，而异域酒成为人们的最爱之一。此篇文章中，窦苹记录了古代西域各国出产的酒类品种，如波斯国的三勒浆、大宛国的葡萄酒，以及诃陵国用柳花、椰子酿成的酒。

窦苹在《酒谱》开篇里曾提到过古人最初酿酒时主要使用粮食作为原料，采用复式发酵方法。水果酿酒之说也有，那时人们对于果酒的认识是从水果自然发酵的状态中得到启示，果实堆积时间一长，在特定的外界条件下散发出类似于酒香的气味。但古人对于果酒酿造并不熟稔，尤其是中原地区的人。葡萄酒在唐代以前很少在中原地区见到，一般都是从西域运送过来，其他果酒更是处于萌芽状态。三勒浆是唐代自波斯传入的一种酒类饮品，由诃梨勒、毗梨勒、庵摩勒这三种果实酿成。这几种果实不仅可以造酒，还可制药。不过也有说法认为诃梨勒、庵摩勒、毗梨勒并称"三勒浆"。

味道醇美的葡萄酒（图片提供：微图）

> 《扶南传》①曰：顿孙国②有安石榴③，取汁
> 停盆中数日，成美酒。

【注释】

① 《扶南传》：又称《吴时外国传》、《康泰扶南记》等，三国时

期吴国康泰撰，记述的是他出使南海时的见闻，原本已散佚。

②顿孙国：东南亚的古国名，扶南的属国。

③安石榴：石榴的别称，经破碎发酵后可调配成酒。

**【解读】**

此处窦苹引用《扶南传》里的表述，说明顿孙国的安石榴榨出的汁放在盆中几天，就能变成酒。这与《梁书·诸夷传·扶南》的记载"（顿孙国）又有酒树，似安石榴，采其花汁停瓮中，数日成酒"略有不同，只是类似安石榴的酒树可用来制酒，而不是安石榴本身可制酒。但《扶南传》现已失传，无法甄别是不是窦苹引用有误。北魏杨衒之《洛阳伽蓝记·昭仪尼寺》、皮日休的诗《寄琼州杨舍人》都有提到酒树，不过多指椰子树。

> 真腊国①人不饮酒，比之淫。惟与妻饮房中，避尊长见。

**【注释】**

①真腊国：中南半岛的古国名，原为扶南国的属国，后灭扶南。

**【解读】**

元代周达观的《真腊风土记》里记录了真腊国的各种风土人情，其中也有关于酒的记载。真腊国的酒分为四种，即蜜糖酒、朋牙四、糖鉴酒和荄浆酒。在真腊，为僧者"皆茹鱼肉，惟不饮酒"，肉可吃，酒却不能喝。即使是普通人，也认为喝酒与淫乱行为一样，饮酒时只在家中与妻子对饮，避免见到长辈。这大概是当时真腊国特殊的信仰所致。

> 房千里《投荒录》①云：南方有女数岁，即大酿酒。候陂②水竭，置壶其中，密固其上。候女将嫁，决水取之供客，谓之女酒，味绝美。居常不可发也。

**【注释】**

①房千里：字鹄举，河南人，唐代学者，著有《杨倡传》、《南方异物志》、《新唐书艺文志》等；《投荒录》：《投荒杂录》，房千里著，地理志。

②陂（bēi）：池塘。

**【解读】**

　　我国古代女酒，从有文字记载已有3000多年的历史。特别是周代时期，国家以法令形式确定女酒为礼仪之物，女酒成了古代宫廷中的"官酒佳酿"和"百药之长"的御用之品。本条记录的女酒，应是指浙江绍兴名酒女儿红。古代的女孩稍微长成时就开始大量酿酒，等池塘的水干了，将酒壶密封起来放置其中，待出嫁前再取出来招待客人，称为"女

绍兴女酒

酒"，味道异常甘美。女酒通常不在平常日子饮用，根据晋代稽含《南方草木状》的记录，女酒为旧时富家生女、嫁女的必备物。女酒，顾名思义，最初酿造出来是父母对女儿寄托的美好希望，选料、酿造的过程精益求精，就连酒坛上也要请工匠刻上精美雕饰，题上祝福语。

扶南①有椰浆，又有蔗及土瓜根酒，色微赤尔。又有昆仑酒名，事见盛鲁望诗。

**【注释】**

①扶南：中南半岛的古国名，大致位于今柬埔寨、老挝南部、越南南部和泰国东南部，7世纪中叶被属国真腊国所灭。

**【解读】**

此处提到了扶南国的椰子酒、甘蔗酒、土瓜根酒和昆仑酒。椰子酒并不只有国外才有，在我国古代的西域和岭南地区也有此酒。甘蔗酒的记载可见《隋书·赤土国传》："以甘蔗作酒，杂以紫瓜根。酒色黄赤，味亦香美。"土瓜根酒应属于药酒，宋《圣济总录》里有记载。昆仑酒在唐代陆鲁望的《奉和袭美赠魏处士五觊诗·诃陵樽》中有记载："外堪欺玳瑁，中可酌昆仑。"因而时人大多认为此处的"盛鲁望"为误写。

性味

《本草》云：“酒味苦、甘辛，大热，有毒，主行药势，杀百虫恶气。”《注》①：“陶隐居②云：大寒凝海，惟酒不冰，明其性热独冠群物。饮之令人神昏体弊，是其毒也。昔有三人晨犯雾露而行，空腹者死，食粥者病，饮酒者疾，明酒御寒邪过于谷气③矣。酒虽能胜寒邪，通和诸气，苟过则成大疾。”《传》④曰：“惟酒可以忘忧，无如病何。”《内经》⑤十八卷，其首论后世人多夭促，不及上古之寿，则由今之人以酒为浆，以妄为常，醉以入房，其为害如此。凡酒气独胜而谷气劣，脾不能化，则发于四肢而为热厥⑥，甚则为酒醉，而风入之，则为漏风，无所不至。凡人醉，卧黍穰中，必成癞；醉而饮茶，必发膀胱气；食酸，多成消中⑦。

**【注释】**

① 《注》：指《神农本草经》注。

②陶隐居：陶弘景，字通明，号华阳隐居，得名"陶隐居"，南朝齐的道士、医药学家，开创茅山派，同时著有《本草经集注》、《陶隐居集》等。

③谷气：中医术语，指后天之气，从食物中摄取的能量。

④《传》：指《晋书·顾荣传》。

⑤《内经》：指《黄帝内经》。

⑥热厥：中医学的病症名，热邪亢盛，手足发冷，甚至昏迷。

⑦消中：中医学的病症名，即消渴，表现为口渴、善饥、尿多、消瘦。

郁金香

竹叶

枸杞

地黄

通常加入酒中的药材

**【解读】**

酒不仅是舌尖的美味，自古以来在中医学中酒就可作为一剂良药。经过尝试与探究，古人们得出酒有活血通经的作用，适量饮用可养脾、去寒、消毒杀菌，但是饮用过量会伤身。《黄帝内经》里对于酒危害的认识想必是理论结合实践得出的，即使在现代也有一定的借鉴作用，例如喝完酒后常有人饮茶解酒，尤其是浓茶对身体其实是不利的。

酒与医学渊源颇深，酒又有如此多的功效，有人认为"医源于酒"。《前汉书·食货志》载："酒，百药之长。"但早期医学采用的都是天然药材，后来才逐渐出现合成药品，酒

应属于合成药物，所以酒的发明早于医学用酒。不过药酒的历史也
非常悠久，最早的文字记载可追溯到殷商时期的"鬯"。"鬯"以
黑黍作为原料，加入中药郁金香酿造而成。至唐宋时期，由于饮酒
之风盛行，药酒的功效也开始向滋补保健方面发展。元代药酒出现
在平常人家日常生活中的频率渐高，明清时期首达高潮，家酿酒中
尤爱添加药材，如"枸杞酒"、"竹叶酒"、"地黄酒"等。可以
说，药酒是我国酒文化与中医学文化的完美结合，它取二家之精华，
传递给人们健康的生活姿态。

皇甫松《醉乡日月》①记云：松脂蠲②百病。
每糯米一斛，松脂十四两，别以糯米二升，和煮如
粥。冷着小麦曲一斤半，每片重二三两。火爆干，
捣为末，搅作酵。五日以来，候起办炊饭，米须薄
之，更以曲二十片火焙干作末，用水六斗五升、酵
及曲末、饭等一时搅和，入瓮。瓮暖和如常，春冬
四日、秋夏五日成。

**【注释】**

①皇甫松：字子奇，号檀栾子，唐代诗人，代表作有《采莲子二首》、
《怨回纥歌》等；《醉乡日月》：皇甫松作，共三卷，收录在《新
唐书·艺文志》中。

②蠲（juān）：祛除，去掉。

## 【解读】

在唐代，人们普遍认为松树长青，养生功效必佳，因而松醪酒拔得头筹，广为流行。松醪酒指以松脂、松花、松节、松叶为原料酿成的酒，单独使用某一种松料，则突出其酒名，如皇甫松在《醉乡日月》中所说的松脂酒就是以松脂为原料，配上糯米酿造而成。松醪酒品里，出彩的还有松花酒，许多唐人迷恋它，为之神魂颠倒。刘长卿诗云："何时故山里，却醉松花酿。"《太平广记》里还有这么一段故事："有老人访崔希真，希真饮以松花酒。老人云：'花涩无味。'以一丸药投之，酒味顿美。"故事的传奇色彩虽然浓厚，但也从侧面说明了时人对松花酒的喜爱。

松脂

松花

松叶

松醪酒原料

性味

又云：酒之酸者可变使甘。酒半斗，黑锡①一斤，炙令极热，投中，半日可去之矣。

【注释】

①黑锡：铅的别称。

【解读】

酒之所以会变酸，是由于乳酸菌等的繁殖导致酒内产生乳酸等有机酸，若想使之变甜，可加入一些碱面或者碱性水果汁一起煮沸，酸碱反应，酒的甜味增大。上述将铅加热投到酒中的方法也是运用了这个原理，但铅属于重金属，有毒性，不可尝试。另外，如果是因放置时间过长酒类变酸，那就不能食用了。

《南史》记虞惊有鲭鲊①，云可以醒酒，而不著其造作之法。魏文帝诏曰：且说蒲萄，解酒宿醒，淹露汁多，除烦解热，善醉易醒。《礼乐志》②云"柘浆③析朝醒"，言甘蔗汁治酒病也。《开元遗事》云：兴庆池④南有草数丛，叶紫而茎赤。有人大醉过之，酒醉自醒。后有醉者摘而臭之，立醒，故谓之醒醉草。《五代史》⑤云：李德裕⑥平泉有醒酒石，尤为珍物，醉则踞之。

**【注释】**

① 《南史》：唐李延寿撰，纪传体，共80卷，二十四史之一，记载了南朝宋、齐、梁、陈四朝历史；虞悰：字景豫，南北朝时期大臣，也是医学家；鲭鲊（zhēng zhǎ）：用腌鱼制作的鱼脍。

② 《礼乐志》：《汉书》中的一篇，班固撰写，介绍西汉的礼乐制度。

③ 柘浆：甘蔗汁。

④ 兴庆池：兴庆宫，原为唐玄宗登基前住的府邸，后扩建成为其在位期间的主要居住宫殿，位于唐长安城东门春明门内。

⑤ 《五代史》：此书有《新五代史》和《旧五代史》之分，这里指欧阳修所撰的《新五代史》。

⑥ 李德裕：字文饶，唐代政治学家，与其父李吉甫均为晚唐名相。

水果富含的有机酸具有解酒功效（图片提供：微图）

**【解读】**

　　鲭鲊、葡萄、甘蔗汁、醒醉草、醒酒石这几条古书里记载的解酒之物，有的具有一定科学道理，有的则毫无依据。南北朝时期的医学家虞悰精通医术，他的醒酒药很有名。皇帝到他家中喝酒，贪杯而醉，虞悰就用"醒酒鲭鲊"给皇帝服用。水果解酒有一定科学道理，因为水果中含有丰富的有机酸，与酒精中的乙醇反应生成酯类物质，从而降低血液中酒精含量，如柑橘、葡萄、苹果、甘蔗等都可用于解酒。像西瓜此类有利尿作用的水果，也可作为解酒物。醒酒草确实存在，又名"金盏草"，虽没有让人一闻便醒的奇效，但用它的花瓣所制的醒酒草茶可止吐。至于醒酒石，大概是人们口舌相传之说吧。

酒要密封以保持性味（图片提供：微图）

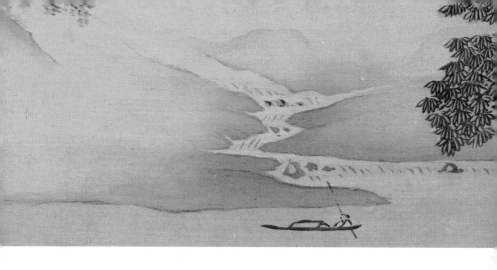

饮器

上古洿①尊而抔②饮，未有杯壶制也。

**【注释】**

①洿（wū）：挖掘。
②抔（póu）：用手捧。

**【解读】**

　　酒与酒器密不可分。早在新石器时代，随着陶器的出现，人们开始使用炊具，后逐渐实现炊具的专门化，至于酒器分化出来的具体时间就不得而知了。本条所说因没有酒杯、酒壶，人们都是挖坑盛酒的说法不大可信，因为即使没有专业酒具，远古时期的人们也有陶制容器，如山东大汶口文化时期的墓穴就出土了大量酒器，可见专业酒具已拥有悠久的历史。青铜酒具始于夏，繁荣于商周，当时不仅酒器繁多，分类也明

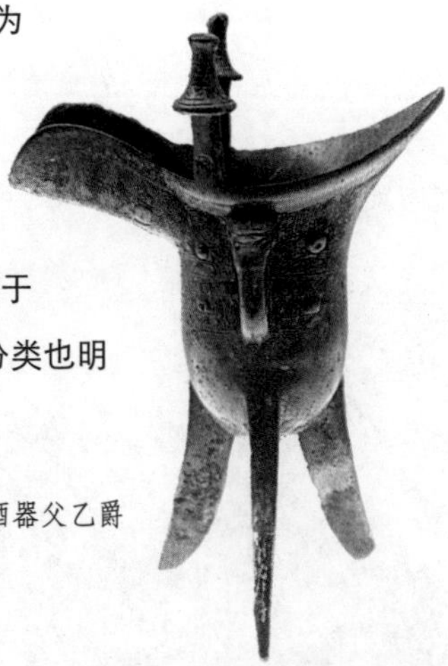

青铜酒器父乙爵

确。春秋后青铜酒器开始没落，至两汉时期，开始出现漆制、瓷制酒器，不管是性能还是精美程度都有很大提高。

《汉书》云：舜祀宗庙，用玉斝①。其饮器与？然事非经见，且不必以贮酒，故予不达其事。

**【注释】**

①玉斝（jiǎ）：玉制酒器。

**【解读】**

新石器时代有陶斝，商周时期的斝杯基本为青铜制品，玉斝则历代罕见。《汉书》记载舜祭祀时使用玉斝，窦苹对此表示质疑。虽然他没有考证出孰对孰错，但这种求真的精神可嘉。

《周诗》①云："兕觥②其觩③。"

**【注释】**

①《周诗》：《诗经》，因成书于周代也称《周诗》，本条出自《诗经·小雅·桑扈》。
②兕觥（sì gōng）：古代酒器，呈牛角状。

③觓（qiú）：古同"觩"，角
上方弯曲的样子。

【解读】

兕觥盛行于商代和西周
初期，造型独特，腹一般呈椭
圆形，底有圈足或四足，盖带
兽头形，最初大多用木头制
作，后来也有用犀牛角、兕（类
似犀牛的生物）角、玉等制作，
存于现世的都是青铜制品。我
国最早的诗歌集《诗经》中，

水晶兕觥

常能见到"兕觥"二字，如《诗·周南·卷耳》载："我姑酌彼兕
觥，维以不永伤。"《诗·周颂·丝衣》载："自羊徂牛，鼐鼎及
鼒。兕觥其觓，旨酒思柔。"描述的是周朝皇帝每年宴请上层阶级
老人的情景。后世文人作品中也不乏兕觥的出现，如明代陈汝元的
《金莲记·郊遇》中有："游春话旧，更畅幽怀，还须麈尾同挥，
是用兕觥共进。"

周王制：一升曰爵，二升曰觚，三升曰觯①，
四升曰角，五升曰散，一斗曰壶。别名有盏、斝、
尊、杯，不一其号。或曰小玉杯谓之盏。或曰酒微
浊曰醆②，俗书曰盏耳。由六国以来，多云制卮，
形制未详也。

**【注释】**

①觯（zhì）：青铜制酒器，形状类似于尊，盛行于商代晚期和西周初期。

②醆（zhǎn）：通"盏"，酒杯。

**【解读】**

　　本书前面提到周朝率先规范饮酒行为，并纳入礼制。这里可以看到，周王朝对酒器也有明确规定，分类极细，将能盛一升酒的称为"爵"，盛两升的称为"觚"，盛三升的称为"觯"，盛四升的称为"角"，盛五升的称为"散"，能盛一斗的称为"壶"。此外，还有"盏、斝、尊、杯"等别名，称呼各不一样。这种青铜酒器的分类方式、规格一直沿袭到清代。事实上，周朝酒器不仅名称规范多，而且宴饮时酒器摆放的位置也不能有丝毫差错。

青铜壶（西周）

刘向《说苑》①云：魏文侯②与大夫饮，曰："不尽者，浮以大白。"《汉书》或谓举盏以白醨，非也。

饮器

173

**【注释】**

①《说苑》：西汉刘向撰，又名《新苑》，共20卷，分类记录春秋战国至汉代的逸事。

②魏文侯：姬姓，魏氏，名斯，一名都，战国时期魏国的国君，任用贤才，使魏国富兵强。

罚酒是我国酒文化的一大特色，许多人在酒场上都经历过罚酒。大家可能不会想到，罚酒的始作俑者竟是千百年前的古人。魏文侯罚酒之事，后来也演变出一个成语——浮一大白，意思是罚饮一大杯酒，也指满饮一大杯酒。

丰干、杜举①，皆因器以为戒者，见《礼》。

【注释】

①丰干：人名；杜举：春秋时期晋国大臣。

宴会迟到时自罚一杯酒（图片提供：微图）

酒谱

174

## 【解读】

杜举的典故在《礼记》与《左传》中均有记载，人名虽然有些出入，但内容大致相同。《礼记》中是这样记载的：晋国大臣荀盈去世但还未下葬，国君晋平公却与大臣击钟奏乐、饮酒欢畅。杜举痛心疾首，认为国君在臣子尸骨未寒时便饮酒作乐会失去民心。晋平公自责不已，自罚一杯，并吩咐侍者将这只酒杯保留好，以示警戒。后来人们喝过别人敬的酒后，总要高扬酒杯，这个动作就被称为"杜举"。

汉世多以鸱夷①贮酒。扬雄为之赞曰："鸱夷滑稽②，腹大如壶。尽日盛酒，人复籍酤。常为国器，托于属车。"

## 【注释】

①鸱（chī）夷：盛酒器。
②滑稽：古代一种流酒器，用来往杯中斟酒。

## 【解读】

本条出自扬雄的《酒箴》。酒器鸱夷和滑稽造型奇特，腹大得像壶，用来盛酒非常方便，不仅在酒的买卖中使用，也放置在皇帝出行的车中，以供皇帝随时享用美酒。其中，滑稽又俗称"酒过龙"，北魏崔浩《汉记音义》载："滑稽，酒器也。转注吐酒，终日不已，若今之阳燧樽。"这种酒器采取的应是虹吸原理，一头把酒抽出来，另一头往杯中吐酒。

《南史》有虾头杯，盖海中巨虾，其头甲为杯也。

《十洲记》云：周穆王①时，有杯名曰常满。

【注释】

①周穆王：姬满，周王朝第五位皇帝，富有传奇色彩，世称"穆天子"。

【解读】

用虾头作酒杯，古人这般饮酒可谓趣味盎然。至于周穆王的酒器"常满"，还有一个美丽的传说：周穆王应西王母邀请赴瑶池盛会，王母赠他一只"白玉之精，光明夜照"的夜光杯，斟满琼浆玉液后，晶莹剔透，此杯名为"夜光常满"。神话传说自然是人们的穿凿附会，但足以见得周穆王的那只酒杯必定是有着惊人之姿，才会被后人传诵至今。

自晋以来，酒器又多云鎗①，故《南史》有银酒鎗。鎗或作铛。陈暄②好饮，自云："何水曹③眼不识杯鎗，吾口不离瓢杓。"李白云："舒州杓，力士铛④。"《北史》⑤云："孟信⑥与老人饮，以铁铛温酒。"然鎗者本温酒器也，今遂通以为蒸饪之具云。

**【解读】**

酒器的名称多样，不同朝代的叫法也各不相同，如晋代的温酒器多叫做"鎗"，《南史》就记载有银酒鎗。鎗有时也称作"铛"，一般底有三足，李白有诗"舒州杓，力士铛"，其中力士在唐代是金银酒器的著名产地之一，产量丰富。唐代后期，由于酒注子的使用越来越广泛，且与注碗配套，有注酒、温酒功能，铛便逐渐退出了历史的舞台。

绿釉酒注子（辽）

绿釉注碗（辽）

饮器

177

宋何点①隐于武丘山，竟陵王子良②遗③以嵇叔夜之杯、徐景山之酒鎗。

【注释】

①何点：字子皙，庐江灊县（今安徽六安）人，南朝隐士。
②竟陵王子良：南齐竟陵文宣王萧子良，字云英，好结文士。
③遗：赠送。

【解读】

萧子良为南朝齐武帝萧赜的次子，好与文人、儒雅之士来往，南朝宋的隐士何点就是他的好友。何点隐居在武丘山，才学颇高，豫章王曾登门拜访，欲招入旗下，但何点不愿为官，竟从后门逃走。萧子良听闻后，将嵇康、徐邈的酒杯赠送给何点，可见萧子良的确是爱才真切。

《松陵唱和》有《瘿木杯》诗①，盖用木节为之。老杜诗云"醉倒终同卧竹根"②，盖以竹根为饮器也。见《江淹集》③。

**【注释】**

①《松陵唱和》：又名《松陵集》，唐皮日休与陆龟蒙的唱和诗集，共10卷；瘿（yǐng）木杯：瘿木制成的杯，瘿是树木外部隆起如瘤的部分。
②老杜：指唐代诗人杜甫，字子美，有"诗圣"之称，此诗句出自《少年行》之一，原文为"共醉终同卧竹根"。
③《江淹集》：南朝文学家江淹著，江淹字文通，济阳考城(今河南商丘)人，代表作有《恨赋》、《别赋》。

**【解读】**

春秋时期，随着酿酒业的发展与社会上饮酒之风的盛行，以及青铜制酒器逐渐没落，各种材质的酒器如雨后春笋般顺势而出。尤其对文人墨客来说，饮酒不是纯粹地满足口舌之欲，更多的是追求意境和情调，于是用瘿木制成的瘿木杯、以竹根制作的酒杯应运而生，这些花样繁复的酒器为饮酒活动增添了许多乐趣。

犀角螭龙纹杯（清）

唐人有莲子杯，白公①诗中屡称之。乐天又云："榼②木来方泻，蒙茶到始煎。"李太白有《山尊》诗云："尊成山岳势，材是栋梁余。"今世豪饮，多以蕉叶、梨花相强，未知出于谁氏。诃陵国以鲎鱼③壳为酒尊，事见《松陵唱和诗》，云："用合对江螺。"

**【注释】**

①白公：唐代诗人白居易，字乐天，号香山居士，代表作有《长恨歌》、《琵琶行》等。

②榼（kē）：古代盛酒器具。

③鲎（hòu）鱼：又称"东方鲎"、"中国鲎"，海底节肢动物。

**【解读】**

此处列述了多种古代的稀奇酒具，如莲子杯、蕉叶杯、梨花杯、鱼壳酒杯等，或见于诗句当中，或出现在文集里，但现在已很难见到。一提到莲子杯，自然想到莲子，此杯应是小容量酒器。唐人很喜爱莲子杯，如诗人白居易就在诗中常常称赞它。蕉叶杯、梨花杯的器形较大，常被用来劝酒、罚酒。鲎壳制成的酒杯称作"鲎樽"，了解了虾头杯后，这也不足为奇了。

唐韩文公《寄崔斯立》①诗云："我有双饮盏，
其银得朱提。黄金涂物象，雕琢妙功倕②。乃令千钟鲸，
么麽微螽斯③。犹能争明月，摆棹④出渺弥。野草花
叶细，不辨薋菉葹⑤。绵绵相纠结，状似环城陴⑥。
四隅芙蓉树，擢⑦艳皆猗猗"云云。皆以兴喻，故历
言其状如此。今好事者多按其文作之，名为"韩杯"。

## 【注释】

①韩文公：韩愈，字退之，唐代著名文学家、
　政治家、思想家，"唐宋八大家"之一，代
　表作有《师说》、《进学解》；《寄崔斯立》：
　韩愈所作，原题为《寄崔二十六立之》，
　本条仅为节引。
②倕（chuí）：人名，传说是与尧舜同
　一时代的巧匠。
③么麽：细微；螽（zhōng）斯：一
　种绿色或褐色的昆虫。
④棹（zhào）：类似于桨的划船工具。
⑤薋（zī）：植物名，白及；菉（lù）：
　植物名，荩草；葹（shī）：植物名，
　苍耳。
⑥陴（pī）：城上的矮墙，又称"女墙"。
⑦擢（zhuó）：拔。

韩愈像

## 【解读】

　　韩愈在《寄崔斯立》一诗中详细描
述了他所拥有的两只酒杯，即闻名遐迩的

"韩杯"。酒杯用朱提山出产的银制作，上面用黄金雕刻物象，雕工
精妙，可将庞大的鲸雕成微小的螽斯虫，而雕刻的野草、野花较多，
以至于无法辨认出到底是蕡、菉还是蓏。四个角上还雕有芙蓉树，郁
郁葱葱，煞是美观。此描述形象生动，细致入微，仿佛酒杯正活灵活
现地展现在人们眼前。若这样的酒杯真的存在，对于爱酒之人来说可
谓是福音，用它饮上一杯，最普通的酒也能品出琼浆玉液的滋味。

> 　　西蜀有酒杯藤，大如臂，叶似葛，花实如梧桐。
> 花坚可酌，实大如杯，味如豆蔻①，香美。土人持
> 酒来藤下，摘花酌酒，乃实消酒。国人宝之，不传
> 中土。事见《张骞出关志》②。

【注释】

①豆蔻：植物名，又名"草果"，产于岭南，秋季结果，种子可入药。
②《张骞出关志》：相传撰于南北朝时期，现已失传；张骞：字子文，
　西汉人，多次奉汉武帝之命出使西域，为丝绸之路的开通奠定了
　基础。

【解读】

　　此事在晋代崔豹撰写的《古今注》里也有记载。酒杯藤为西蜀植
物，大小接近人的手臂，花朵、果实都大如酒杯，味道甘美。因花朵
坚韧，当地人带着酒来到藤下，摘下花用它喝酒，用果实解酒。这样
的奇特植物，可能只存在于梦幻的奇境里，难怪西蜀人不愿意让它流
入中原地区。

酒令

《诗·雅》①云："人之齐圣②，饮酒温克。"又云："既立之监，或佐之史。"然则酒之立监史也，所以已乱而备酒祸也。后世因之，有酒令焉。

【注释】

①《诗·雅》：指《诗·小雅·小宛》。
②齐圣：聪明睿智，聪明圣哲。

【解读】

周代饮酒突出一个"礼"字。《酒谱》一书多次描述了关于周代的饮酒礼仪，比如入席时需安静有序，酒具整齐摆放在指定位置，饮酒需仪礼整齐，敬酒必须按照次序等等，可以看到周人对礼的要求细致到了生活的每一个细节。本条中"既立之监，或佐之史"出自《诗·小雅·宾之初筵》，乃周代诸侯王卫武公所作，讽刺过度饮酒、败德的行为，并论证酒监一职必不可少。《酒谱》作者窦苹也认为，设立酒监一职能防止因为喝酒发生祸乱现象，并认为酒令也从此演变而来。

魏文侯饮酒，使公乘不仁为觞政①。其酒令之
渐乎？汉初，始闻朱虚侯以军法行酒。逸诗②云"羽
觞③随波流"，后世浮波疏泉之始也。

**【注释】**

①公乘不仁：战国时期魏国人；觞政：酒令。
②逸诗：先秦古籍中引用的非《诗经》里的诗句。
③羽觞：古代酒器，又称"羽杯"，形似爵，两侧有耳，似鸟的翅膀，
　故得名。

**【解读】**

　　魏文侯饮酒让公乘不仁担任酒令官，汉代朱虚侯刘章以军法行酒
令，可见酒令由来已久。酒令是为增添酒席间热闹气氛的一种佐觞活
动，是文人们开创的酒桌上的娱乐活动，一般推举一人为令官，余者
听令轮流说诗词、联语或其他类似游戏，违令者或败北者罚饮，所以
又称"行令饮酒"。后世的酒令活动，与周代规范的饮酒之礼相比，
打破了酒桌上因礼仪约束而略显僵化的气氛，创造了独特的酒桌文化
氛围，让人不得不钦佩古人的智慧。

唐柳子厚①有《序饮》一篇，始见其以洄溯迟驶
为罚爵之差，皆酒令之变也。又有藏钩之戏，或云
起于钩弋夫人②。有国色而手拳，武帝自披之，乃伸。

后人慕之而为此戏。白公诗云"徐动碧芽筹"，又云"转花移酒海"。今之世，酒令其类尤多。有捕醉仙③者，为禹人，转之以指席者；有流杯者，有总数者，有密书一字使诵诗句以抵之者，不可殚名。昔五代王章、史宏肇④之燕，有手势令⑤。此皆富贵逸居之所宜。若幽人贤士，既无金石丝竹⑥之玩，惟啸咏文史，可以助欢，故曰"闲征雅令穷经史，醉听新吟胜管弦"。又云："令征前事为，筋咏新诗送。"今略志其美而近者于左：

　　有对句者：孟尝门下三千客，大有同人；湟水渡头十万羊，未济小畜。

　　又云：钼麑触槐死，作木边之鬼；豫让吞炭，终为山下之灰。

　　又云：夏禹见雨下，使李牧送木履与萧何，萧何道何消；田单定垦田，使贡禹送禹贡与李德，李德云得履。

　　又云：寺里喂牛僧茹草，观中煮菜道供柴。

　　又云：山上采黄芩，下山逢着老翁吟，老翁吟云，白头搔更短，浑欲不胜簪。上山采交藤，下山逢着醉胡僧，醉胡僧云，何年饮着声闻酒，直到而今醉不醒。

山上采乌头，下山逢着少年游，少年游云，霞鞍金一骝，豹袖紫貂裘。

又云：碾茶曹子建，开匣木悬壶。

马援以马革裹尸，死而后已；李耳指李树为姓，生而知之。

江革隔江，见鲁般般橹；李员园里，唤蔡释释菜。

拆字为反切⑦者：矢引，矧；欠金，钦。

名字相反切者：干谨字巨引，尹珍字道真，孙程字雅卿。

古人名姓点画绝省者：宇文士及，尔朱天光，子州友父，公父文伯，王子比干，王士平，吕太一，王子中，王太丘，江子一，于方，卜巳，方干，王元，江乙，文丘，丁乂，卜式，王丘。

字画之繁者：苏继颜，谢灵运，韩麒麟，李继鸾，边归谠，栾魇，鳞鱲，萧鸾。

声音同者：高敖曹，田延年，刘幽求。

字画类者：田甲，李季。

臺字去吉增点成室。居字去古增点成户。

火炎昆冈，山出器车，土圭封国。

百全之士十万，五刑之属三千。

荡荡乎民无能名，欣欣焉人乐其性。

公子牟身在江湖，心游魏阙；郑子真耕于谷口，名动京师。

前徒倒戈以北，长者扶义而东。

运天德以明世，散皇明而烛幽。

## 【注释】

①柳子厚：唐代文学家柳宗元，子厚为其字。
②钩弋夫人：汉武帝的妃子赵氏，汉昭帝的生母，其死因有两种说法：一是被汉武帝训斥，忧郁而死；二是汉武帝为防患女主乱政，立子杀母。
③捕醉仙：一种酒令，转动人偶，停下来指到的人便要喝酒。
④王章：五代后汉大臣；史宏肇：字化元，五代后汉大臣。
⑤手势令：一种酒令，又称"招手令"，类似于现代的划拳。
⑥金石丝竹：原指钟、磬、琴瑟、箫管四类乐器，后泛称各种乐器，也可指代音乐。
⑦反切：古代注音方法，是取一字的声母与另一字的韵母及声调，为被注音字注音。

## 【解读】

此条目描述了古代种类繁多的酒令，包括以酒杯在水面的速度快慢作为罚酒的标准、藏钩游戏、转花移酒海、捕醉仙、手势令等趣味性游戏，也有让人吟诵诗句、对对子、拆字等文字游戏，体现出酒令乃文学与酒文化的结合。酒令形式与内容一般依据席间人的身份、文化水平而定，行酒令的具体规矩是：入席后，由一位德高望重、地位高或者能说的人担任"令官"，喝过一杯令酒后，由他宣布酒令的形式、内容及规则，按次序逐次行令，行不出来的、不符合要求或者违反规则的，都要罚酒。如《红楼梦》第四十四回贾府家宴中，贾母为名誉令官，其贴身丫环鸳鸯指挥行令。鸳鸯喝过令酒后，立即宣布："酒令大如军令，不论尊卑，唯我是主，违了我的话，是要受罚的。"

喝酒划拳雕塑（图片提供：微图）

今人多以文句首末二字相联，谓之"粘头续尾"。尝有客云"维其时矣"，自谓文句必无矣字居首者，欲以见窘。予答："矣焉也者。"矣焉也者，决辞①也，出柳子厚文。遂浮以大白。

【注释】

①决辞：表示肯定的语气助词。

【解读】

"粘头续尾"为宋代人行酒令时常玩的游戏，即文句首尾二字相连，与现代酒桌上的成语接龙游戏相似。此处是窦苹描述自己身上发生的趣事，当时有客人说"维其时矣"，自认为文句中一定没有以"矣"字为首的，想要看窦苹的窘状，结果窦苹回答："矣焉也者。"矣焉也者也是表示语气的词，出自柳宗元的文章，该客人无法接下去，于是喝了一大杯酒。故事体现出了窦苹的机智敏锐以及深厚的文学功底。

> 白公《东南行》云"鞍马呼教住，骰盘喝遣输。长驱波卷白，连掷采成卢。"注云："骰盘、卷白波、莫走、鞍马，皆当时酒令，法未详。"盖元白①一时之事尔。《国史补》称郑弘庆始创"平素精看"四字令，未详其法。

【注释】

①元白：元指元稹，白指白居易，二人都是唐代著名诗人，常互相唱和，并称"元白"。

【解读】

　　唐代的酒令游戏十分丰富，形式变化多端，有时借助器具以增添趣味，比如骰盘、筹箸、酒胡子、香球等。骰盘行令形式比较简单，用手将骰子抛起投到盘器中，看它停下来时的顶面图案来决定输赢，行这种酒令不需要太高的文化水平，为的只是增添趣味，提高大家的兴奋度，因此在酒场上常能见到骰盘的身影。

骰子

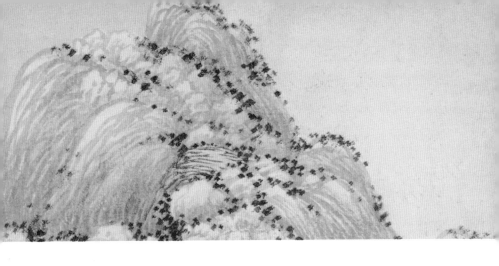

酒之文

有大人先生，以天地为一朝，万期为须臾，日月为扃牖①，八荒为庭衢。行无辙迹，居无室卢，幕天席地，纵意所如。止则操卮执瓢，动则挈榼提壶。唯酒是务，焉知其余。有贵介公子，缙绅处士，闻吾风声，议其所以。乃奋袂扬襟，怒目切齿，陈说礼法，是非蜂起。先生于是方捧罂②承槽，衔杯漱醪，奋髯箕踞，枕曲藉糟，无思无虑，其乐陶陶。兀然而醉，豁尔而醒。静听不闻雷霆之声，熟视不睹泰山之形，不觉寒暑之切肌，利欲之感情。俯观万物，扰扰焉若江海之载浮萍；二豪侍侧，焉如蜾蠃③之与螟蛉。

【注释】

①扃牖（jiōng yǒu）：门窗。

《高逸图》【局部】孙位（唐）

　　此图为《竹林七贤图》残卷，画中仅为四人，分别是山涛、王戎、刘伶和阮籍，其中刘伶回顾欲吐，旁有童子持唾壶欲跪接。

②罍：盛酒器。
③蜾蠃（guǒ luǒ）：又名"蒲卢"，一种寄生蜂。

【解读】

　　这篇文章引用的是刘伶的《酒德颂》。刘伶嗜酒如命，酒气、诗气俱佳，但保存至今的也只有这篇《酒德颂》了。文章里描述了一位放荡不羁的大人先生，这位先生不屑于礼法，把天地当作宫室，把万年当作一瞬间，以日月为门窗，以八荒为庭院。他行走时不留痕迹，也不居住在房屋里，以天为被、以地为席，行事随心所欲。大人先生也爱喝酒，休息时总是拿着卮、觚，走动时则提着榼、壶，整日饮酒，不关心其他事。大人先生行事如此特立独行，以至于贵族公子、乡绅隐士纷纷议论他的行为不守礼法。对于士族的揶揄嘲笑和讽刺，大人先生全然不放在心上，依旧捧着盛了酒糟的罍，叼着杯子喝酒，披散胡须张开两腿坐着，枕着酒曲靠着酒糟，无忧无虑，样子陶醉极了。

刘伶的文章写得气势不凡、荡气回肠，描述的大人先生颇有五柳先生之神态，赋予了酒厚重的文化内涵。同时也可看出，大人先生藐视礼法和嗜酒的作风，正是刘伶自身性格特征的写照。

《醉乡记》①云：醉之乡不知去中国不知其几千里。其土旷然无涯，无丘陵阪险；其气和平一揆，无晦朔寒暑；其俗大同，无邑居聚落；其人湛静，无忧憎喜怒。吸风饮露，不食五谷。其寝于于，其行徐徐。与鸟兽鱼鳖杂处，不知有舟车器械之用。昔者黄帝氏尝获游其都，归而杳然弃天下，以为结绳之政已薄矣。降及尧舜，作为千钟百壶之献，因姑射神人②以假道，盖至其边鄙，终身太平。禹汤立法，礼繁乐杂，数十代与乡隔。其臣羲和③弃甲子而逃，鲧④臻其乡，失路而道夭，故天下遂不宁。至乎子孙桀纣，怒而升其糟丘，阶级千仞，南面望幸，不见醉乡。武王得志于世，乃命公旦立酒人氏之职，司典五齐，拓土七千里，几与醉乡达焉，二十年刑不用。下逮幽厉，迄乎秦汉，中国丧乱，遂与醉乡绝矣。而臣下之爱道者亦往往窃至焉。阮嗣宗、陶渊明十数人等，并游于醉乡，没身不返，死葬其壤，中国以为酒仙云。嗟乎！醉乡氏之俗，岂华胥氏⑤之国乎？何其淳寂也如是。今余将游焉，故为之记。

**【注释】**

①《醉乡记》：唐代王绩作。
②姑射（yè）神人：不食人间烟火的神人，出自《庄子·逍遥游》。
③羲和：古代神话人物，驾驭日车的神。
④鲧（gǔn）：传说中夏禹的父亲。
⑤华胥氏：传说中伏羲、女娲的母亲。

**【解读】**

　　《醉乡记》是王绩的名作，要读懂这篇文章，需了解王绩此人。王绩乃隋唐之际文人，曾出仕为官，但简傲嗜酒，屡被勘劾，后托病还乡，作品多取材于山水田园，描写淳朴的隐士生活和饮酒情趣，《醉乡记》即是此类作品的代表。

　　《醉乡记》描述了一个神奇的地方，在这里所有世俗礼法皆失效，人们过着平静淳朴的生活，吸风饮露，不吃五谷粮食，睡得恬静，行走悠然。醉乡与世隔绝，以至于尧舜向姑射神人借道，也要备好千钟百斛的酒进献。无疑，醉乡是王绩向往的世界，因现实中难以实现这种自然清净的生活，便借笔墨勾勒出一个世外桃源。《醉乡记》也暗示着人们只能通过饮酒才能辟得一丝心灵慰藉，这是王绩对他所处时代以及当权统治者的讽刺。

《举杯玩月图》【局部】马远（宋）

后记

予行天下几大半，见酒之苦薄者无新涂，以是独醒者弥岁。因管库余闲，记忆旧闻，以为此谱。一览之以自适，亦犹孙公①想天台而赋之，韩吏部②记画之比也。然传有云，图西施、毛嫱③而观之，不如丑妾可立御于前。览者无笑焉。甲子六月既望日，在衡阳，次公窦子野④题。

**【注释】**

①孙公：孙绰，字兴公，东晋诗人，代表作为《天台山赋》。
②韩吏部：唐代文学家韩愈，记画指他的作品《画记》。
③西施、毛嫱：都是春秋时期的绝色美女。
④窦子野：《酒谱》作者窦苹，子野为其字。

**【解读】**

行文至此，对此书的解读也将要结束。纵观《酒谱》全书，涵盖了自上古时代至宋代以来的酒人、酒事、酒物，作者窦苹在志怪谈奇的同时，也注重考证事实本相，引用经史子集，旁征博引，行文间来去自如。《酒谱》一书内容丰富，在酒文化的历史长河中占据举足轻重的地位。